ΣΥΜΠΟΣΙΟΝ

会饮

Marc Augé

Une ethnologie de soi: Le temps sans âge

关于自我的人类学

——没有年龄的时间

〔法〕马克 · 欧杰 著

朱蕾 译　全志钢 校

Marc Augé
UNE ETHNOLOGIE DE SOI
Le temps sans âge

Collection *La Librairie du XXI siècle*, sous la direction de Maurice Olender.
本书根据法国色伊出版社2014年版译出

目 录

猫的智慧

我们在马尔利森林里遇到它时，它已经被遗弃好一段时间了，饥肠辘辘的，眼里满是乞求，一心要跟我们回家。这正合我意。爸妈拗不过我就答应了。毕竟我是他们的独子。那时我才十几岁。我们就这样一起长大，当然它长得比我快啦。

这只小母猫不光有性格，爪子也很有力。它用起自己的爪子来可毫不含糊，尤其是在我非要把它当成马戏团的马儿那样调教时。所以我的胳膊被它抓得伤痕累累。不过更遭殃的是客厅里的几张绒布沙发。它总是朝它们伸出魔爪，把它们的绒面挠得稀烂，令我妈妈绝望不已。

我长大了；它却老了，虽然模样并没有多大变化。它变得愈发安静了，我有时会这样自欺欺人地想。其实我心里明白，那是因为我不再像以往那样去撩拨它了。我的手和胳膊再也不会鲜血淋漓的了。我和它之间不再打打闹闹，而是相处得更加平和了，有时只是注视着彼此。客厅里有一把早已被它抓得破破烂烂的高靠背沙发，后面有一个橱柜，它喜欢待在那个橱柜顶上俯览全局。它年轻时，毫不费力地一跳就能跃上柜顶，然后步态优雅地踱向它钟爱的据点；有时候，它更想待在沙发上：它会趴在高高的沙发靠背的顶上，聪明地缩起四脚，巧妙地保持着平衡，同时默默地望着我，仿佛在挑衅地问我是否也能做到。反正我每次看到这种惊人的景象时就会产生这样的感觉——这种感觉大概是出于我作为一个失败的驯兽师的惭愧吧。那时的它喜欢主动挑战高难度：我有时会看到它绷紧肌肉注视着它所向往的高处，估算着高度，然后纵身一跃，不借助沙发这个跳板，直接从地板跳上柜顶。后来，随着岁月流逝，不知不觉中，它的力量渐渐衰弱了。它先是放弃了柜顶的据点，之后也不再尝试跳上沙发靠背。它心甘情愿地在沙发坐垫上趴卧好几个小时，它对那个地点依然执着，但满足于待在较低的位置上了。最后，它连跳上沙发坐垫都很吃力了，于是把沙发底下变成了它的新据点。

有那么一两次，我想要帮助它，把它抱上了柜顶。严格来说，对于我的主动援助，它并未表现得受到冒犯，只是有些茫然不知所措，并急切地想要回到地面上来。柜顶已经不是它的地盘了。我意识到是我唐突了，自作主张了，或者说是我不懂事了，为此我感到自责。它倒是一直保持着平和的心态，享受每一缕阳光，冬来就黏在暖气片旁，春回就竖起耳朵聆听鸽子的咕咕叫声，心安理得地接受我们献给它的满满爱意。那样一种心安理得正是它与生俱来的魅力所在。

小慕（我们一开始就这么叫它，并没有花心思给它起个别致的名字）度过了漫长的猫生，在我离开父母独自生活后不久，它在我父母的公寓去世，享年将近十五岁。

宠物的主人往往一厢情愿地把某些心灵及精神的品质加诸宠物身上，说它们忠实、正直、真诚，甚至说它们充满智慧。这样的评价，不仅反映出主人与宠物的双向关系中存在着某种神经官能症的特征，还确认了这样一个事实，一般来说，宠物不需要承受主人所承受的种种社会压力：它们虽然是家养的，但还是被人们视作大自然诸般美好品质的当然化身。请不要误会：我并不是在这里暗示我的猫有多聪明。我并不研究猫的心理学。我想说的只是我对猫的印象。

后来我又养过两只猫。它们是一对，我明显感觉到它们是不可分离的。和人类一样，维系它俩关系的纽带，当然是一种习惯的力量。它们幼时经常争斗，玩着玩着就打起架来。而且它们都很在乎各自的独立，住在乡下时总是分别独自出去探险。但它们又总是很快重聚在一起，每天晚上互相挨着、眯着眼睛睡在一起，满脸心照不宣。它们就这样一起变老，当其中一只先行离世之后，另一只并未表现出特别的激动，每天还是独自睡在老地方。不过几天之后，它也告别了这个世界。

猫并不是对人的隐喻，而是象征着一种忽略了年龄的与时间的关系。我们可以沉浸在时间里，细细品味它的某些瞬间；我们可以把自己投射在时间上，重新塑造它，和它一起玩耍；我们可以掌控自己的时间，也可以任由它溜走：因为时间是我们进行想象的原材料。年龄则相反，它是对一天天过去的日子的精确计量，是从累加总数的单向视角看待年月。而在说起自己的年龄时，人们往往大吃一惊。年龄把我们每一个人限定在一个出生日期（至少在西方，人们对自己的出生日期还是可以确定的）和一个最终期限（一般来说，我们都希望推迟这个最终期限的到来）之间。时间是自由，年龄却是约束。而猫看起来并不知道有这种约束的存在。

摆在你面前的这本书并不是一本日记，也不是回忆录，更不是忏悔录，而是我基于自身经历和阅读所做的个人陈述。对每一个人来说，生活都是一场漫长而不由自主的探究。在这本书中，我尝试阐述这样一个结论，这个结论与一些人的直觉不谋而合，但也会使另一些人感到惊诧，因为它与许多充满民间智慧的老生常谈的道理（如“可惜年少时无知，可惜年老后不能……”）是相悖的。这个结论就是：被人们视作知识源泉或经验积淀的“老”是不存在的。你想要理解这样的“老”是不存在的，只要等你老了就知道了。当然，与衰老相关的病痛和机能弱化的的确确存在，它们出现在每个人身上的时间或早或迟，程度有强有弱；但它们并不一定要等到老龄才会出现，而且它们对每个人的打击和折磨并不是一视同仁的。

至于所谓老年人的心态和举止，其实经常是被年轻人的说话方式激发出来的，尤其是被年轻人所谓善意的言辞激发出来的。在殖民时代，人们在控诉那些虽不一定无耻之尤，但一定目光短浅的殖民者时，常说他们说起话来充满蛮横霸道的家长式做派。那么，该用个什么词来形容人们在向据说“丧失自理能力”的老年人表示关心时所使用的说话方式呢？我联想到男女护士以及医院护工等好心人在对待老年病人时表现出的那股子热乎劲：他们心甘情愿地喊自己看护的病人“爷爷”“奶奶”，仿佛自己真的是这些人的孙子孙女一样；但是，通过这样一种言语反转仪式，他们反而把这些老年病人变成了老小孩。从作为称呼语的“爷爷！奶奶！”滑向作为一般泛化概念的“老爷爷和老奶奶”，也是同样一种过程。亲切和关爱是有可能使人堕落的，因为亲切和关爱会吸引、诱导其对象沉沦到一个特别的、排他的类型之中，会营造出一间语言上的养老院，令他们在其中感到安逸、舒适、惬意；但从旁观者的视角来看，这一切何其错乱。

不久前有媒体报道说，一些养老院对护理人员开展了培训，帮助他们“理解疗养人员在进一步释放性欲方面存在隐秘的需求”。我在《世界报》上读到了一篇关于这个主题的文章[1]，那可真是令人叫绝。它揭示了护理人员对于这个问题的心态，并间接反映了此类养老院的主流组织模式。一位助理护工证实这种培训令她受益良多：“看到一个老人亲吻另一个老人，的确让人不习惯啦。放在以前，这样的事情着实令我们觉得恶心；而现在，我可以听之任之了。”其实，这番话里透出的这种蛮横专制才是令人作呕的。不过这还不

1　马农·戈蒂耶-福尔（Manon Gauthier-Faure）所作，2013年8月9日发表于《世界报》。

是最糟的。这些研讨会、交流会、小组发言以及相关的培训到底会导向什么样的结果呢？一家养老机构的领导建议："在未来"，入住养老院的夫妻或伴侣可以住进"连通的房间或配备双人床的房间"。换言之，现行的规矩是，夫妻一踏入这类专为"丧失自理能力的"老年人设置的养老院，就要被蛮横地分开。问题并不在于那篇文章所归纳的老年人该不该有爱有性，而在于一个更加根本的层面，即个体自由问题。我们不必对那些据说是努力"向着正确方向前进"的举措过于挑剔，但可以对那些措施所要扭转的局面进行评估。丧失自理能力的老人是不是必然在任何方面、任何事情上都丧失了独立自主？他们真的比我的老猫们还要麻木迟钝了？真正令人担心的是，正是人们心中怀着的满满善意推着老人们更快地丧失了最后一丝独立自主的意愿，自甘堕落地沦陷到被奴役的状态里。

从相反的角度来说，长久以来，人们都高估了老人的品德。在谈及年龄时，一直存在着各种刻板的说法，说智慧是经验的产物。然而平均寿命的延长彻底打破了这些陈词滥调：至少在西方，长寿已经很普遍了，已经失却了原来的特殊性。一个老人光凭高寿这一点，并不能让人高看一眼。在如今这个崇尚意象的社会，老人要想博取媒体的青睐，就必须要么打破长寿的纪录（这样的荣耀显然只能热闹一时……），要么（在体育、戏剧、文学或政治等领域）实现与自己年龄不相称的成就——这显然只有极个别人能够做到，而这少数的个例反过来又印证了老年群体的普遍规律。在今天这个时代，要想当一个受人尊重的老人，就一定不能倚老卖老。他反而要懂得看淡。

如果什么都不能看淡，尤其是不能看淡那些所谓的理所当然，就无法对“年龄”这一思想范畴提出质疑。表面上看来，年龄会让人随着岁月的积累而变得越来越客观，但在实际的社会生活中，也就是说在每个人独特而主观的社会生活中，会催生出各种充满戏剧性的千奇百怪的结果。有哪条法令可以规定一个人的睿智程度呢？

年龄是一个被历朝历代各色人等全方位经历体验过的问题……堪称人类的基本经验。在任何一种文化中，年龄问题都是自我与他人相遇的场所，也是一个极其复杂且充满矛盾的场所。在那里，我们每一个人，如果有足够的耐心和勇气，都能够对充斥自己人生的谎言与真相加以考量。每一个人总会有一天从这样或那样的角度对自己的年华展开反思，从而成为研究自己人生的人类学家。

老之将至

“噢！衰老，你是我的敌人！……”

高乃依：《熙德》，第一幕，第四场

老之将至，最好还是好好地迎接它的到来，因为衰老是一头易怒的野兽，可能会让故意无视它、不承认它的人付出惨重的代价。衰老可不缺少彰显其存在的手段；所以最好还是顺着它毛发的方向去抚摸它，把它放在眼里。说到底，老之将至，就是要大大方方地迎接衰老的到来，坦然放下荣辱，欣然接受它像圣诞老人一样慷慨地从背袋里掏出的送给你的一件件礼物，比如人生阅历为你创造的智慧、力比多消退后终于获得的平和、专注投入研究的喜悦，以及感受日常生活点滴快乐的能力。简而言之，对待衰老，就要像古人对待复仇三女神厄里倪厄斯那样，称颂她们为

"欧墨尼得斯"*：多去想想传说中衰老带来的好处，以此消除对它的恐惧。

这便是西塞罗在63岁时想要传达给自己时年66岁的朋友阿提库斯的信息。他为此写作了《论老年》。在这部作品中，他还许下了一个重要的诺言：永生。他宣称，所有伟大人物都是相信永生的。不过，可能是为了避免太过张狂地将自己划归此类，西塞罗选择了对话录这种文学形式，并借作品中84岁高龄的老加图之口阐述自己的主要观点。所以他的《论老年》其实是一部在两个层面进行了虚构的作品：一方面，他推出了一个早在他一个世纪前就已经去世的人物；另一方面，虽然他喜欢躲到文字中避难，但他当时的实际生活状态与他所勾勒描绘的宁静祥和的生活理想相去甚远：他在仅仅两年里就离了两次婚，其间她的女儿图利娅离开了人世；短短几个月后，他的政治热情就让他丢掉了性命；3月15日恺撒遇刺后，他投入了屋大维的阵营，而在后三头结盟的翌日，64岁的西塞罗就被安东尼的士兵杀死了。

---

* 厄里倪厄斯是复仇三女神（不安女神、妒忌女神、报仇女神）的总称。她们的任务是追捕并惩罚犯下严重罪行的人，使他的良心受到痛悔的煎熬。古希腊人有时会将复仇三女神称为"欧墨尼得斯"，意为"仁慈的女神"，因为他们对复仇三女神十分敬畏，认为直接说出她们的名字会给自己带来厄运。——译者

言归正传，西塞罗的文本里包含了两条颇为有趣的启示，可以有效地应用到一切关于年龄和老年的讨论上面。首先一点，就是他通过老加图之口说的，体弱多病并非老年人专属；年轻人也可能受到体弱多病的影响。而老年人应该关心自己身体和心智的健康；到了高龄就重堕童蒙之态的人，本质上都是精神空虚匮乏的人。诚然，人到老年会使许多活动受到限制，但对于一直注重保持心灵活力的人来说，这并不能对其精神造成半点损害。换言之：告诉我你在老年时的状态，我就能说出你在年轻时是怎样一个人。

> 索福克勒斯在老迈之年依然坚持悲剧创作。人们指责他，说他为了写诗挥金如土；他的几个儿子更是把他告上法庭，希望法庭依法禁止他的这般疯狂行径。当时有一项类似于罗马法的法律，可以剥夺挥霍无度的父亲对财产的支配权。据说老人拿着自己刚刚创作的《俄狄浦斯在科罗诺斯》朗读给法官们听，读完之后他问他们这样的作品是疯子写得出来的吗。随即，他就被当庭释放了。[1]

1 西塞罗：《老加图或论老年》（*Caton l'Ancien ou De la vieillesse*），第七章，第22节，尼萨尔（M. Nisard）主持翻译的法文译本，巴黎，费尔曼·迪多出版社，1864年。

第二条启示则是对第一条高贵启示的延伸。尽管相较于年轻人，老年人不太适合“动的生活”，但他们比年轻人更有能力进行指导。如西塞罗想象的那样，老加图就近于支持老人统治。这就凸显出一个搅动着所有年龄之争的矛盾：一方面，人到高龄，身体条件越来越脆弱，而另一方面，高龄者拥有丰富的阅历。不过，众所周知，这个矛盾只是表面上的，它所掩盖的其实是一种阶层对立。西塞罗虽未采用“阶层对立”这样一种表述或概念，但也从未想过要否认，而后来，西蒙娜·德·波伏瓦在1970年发表的《论老年》（*La Vieillesse*）一书中强调了这种阶层对立。

两千多年前的西塞罗在谈话中总结和推论的所有情形，包括表面上的种种矛盾，在今天的我们看来并不陌生。在现实生活中，我们时不时会看到一些家庭因为巨额财产的管理问题爆发家庭冲突。当然，绝大多数老年人，在自己的家人试图将其置于监护之下时，无法效仿索福克勒斯，也不能像他那样拿出自己的文学作品来为自己辩护。从更广泛的层面来说，我们必须始终认识到，虽然平均寿命延长了，但每个人因社会出身不同、从事职业不同，变老的年龄也是不同的。人与年龄的关系是社会不平等的反映。从这个角度来看，就必须承认，长远来说，解决老年人依赖性的唯一办法就是实现全民教育——全民教育虽然不是解决生活中所有麻烦的灵丹妙药，但能为绝大多数人带来行使自由意志的切实机会。

预期寿命也是世界各大洲不平等的一项标志以及发展程度的一项指标。作为人类学者和旅行者，我在世界各地遇见过很多老人。其中一些人，经过我的核实，其实比我更年轻。可是，当时我还不觉得自己有多老呢。在黑非洲，活到一个相对较高的年龄，是一种力量的象征。我第一次被人叫作“老先生”是在科特迪瓦，当时我还不到四十岁，被冠以这样的尊称着实令我受宠若惊。而很多年以后，有一天在地铁上，有个倒霉催的小伙子假惺惺地站起来给我让座，却令我大为光火。

相较于其他人，知识分子更有能力满足西塞罗所表达的对老年人的期待，就是在照顾好自己身体的同时也要呵护好自己的精神。在这方面，他们本就享有优势特权，他们要做的就是持续地发挥这项优势特权。不过，他们享有这种“优势特权”也不是无条件的，因为与其他人相比，他们更有责任证明自己配得上这个特权。的确，老之将至，知识分子会担心别人吹毛求疵地对自己的文字或只言片语找茬挑刺，从中探到自己已经开始衰老的征兆。可能正因为如此，不少知识分子产生了哗众取宠、夸夸其谈和“人老偏发少年狂”的倾向，为的不过是显摆一下自己逆转了“少时张扬老来保守”的俗套。有的时候，从一些知名老人轻狂的言谈中，简直可以听到他们内心那声惊人的呐喊：“你比我年轻？那你去死吧！”

电视就喜欢这种浅薄的反差效果，所以撺掇这些历经数个时代浸染的老杂坯，这些在电视上左右逢源的两面派表现得张狂一些（“我很有智慧，我的满头白发就是证明；我还年轻呢，听听我充满青春的话语”）。但他们的任务还是很艰巨的：要靠他们来批判西塞罗和老加图宣扬的老人统治的理想，并不容易。因为这样的批判从他们的嘴里说出来，很容易让人觉得他们是在打着永葆青春或重焕青春的旗号要大家承认他们的权威，是在变着法子要人承认他们的智慧、他们的阅历、他们的权力，至少是要人认可他们的影响力。不过在谴责这些老年人哗众取宠之前，还是得承认：他们这样做，或有情有可原之处。

他们之所以拿自己的年龄说事，是因为旁人或出于玩笑，或出于恶意，或出于单纯，或出于愚蠢，总是要拿他们的年龄说事。就好比有人一看到外乡人，一听到人家说话带点外地口音，就觉得自己有权凑上去盘问他是从哪里来的，老年人也会引起公交车乘客、出租车司机或电视主持人的好奇。年龄之于老年知识分子，正如美貌之于女性：电视主持人决计不会赞美男嘉宾身材上的优点（这类恭维是专属于女性的）；同样，他也决计不会为了一位四十几岁的嘉宾的年龄而发出赞叹（这类恭维是专属于老年人的）。法国官方在提及老年人时会使用一些委婉的措辞（如“第三年龄”或“第四年龄”*），但其效果却愈发令人不舒服，因为这种委婉仿佛是在暗示“老年”这类词很可怕。相反，还有一种反向的普遍现象，导致“青年”等形容词越来越多地被升格为名词来使用：“那个青年掏光了收银台的抽屉，然后逃跑了”或“青年们为自己的未来感到焦虑”。而在我年轻时，这样一种把形容词用作名词的做法，是专门用在“老年”这个词上的；那时的人们都是直接说“老年退休金”，指的是没有任何生活来源的人领取的最低标准的退休金。所以，那时的“老年”相当于一个社会阶层，有点类似于今天的“青年”。

要想不被一刀切地划归为某个类别，最好的办法

* 第三年龄，法语为troisième âge，指“老年”；第四年龄，法语为quatrième âge，指“70岁以上的年龄”。——译者

就是“反其道而行”，但悖谬的是，随之而来一种倾向，就是有的老年人会刻意否认年龄以吸引旁人的注意。一些在媒体上多少有些名气的老年人，以及那些出入饭馆酒肆或围坐家庭餐桌的老年人，我们常常看到他们在谈及自己的高龄时，采用两种话术制造本质与表象的对立。“我其实不是你们看到的那样……”就是他们用来吸引注意的关键句，意思是“你们快来了解一下我身上你们所不认识的另一个我吧”。有的情况下，他们还会加上对自己年龄的承认，但同时暗示这个年龄并不能概括自己这个人的一切，他们会说“我是老了，但……”（“我是老了，但不是不中用了”“我是老了，但还是有几把刷子的……”），更有甚者企图把年龄当作一种优势，他们常说“我是老了，不过正因为如此……”（“我是老了，不过正因为如此我才更自由了……”“我是老了，不过正因为如此我才懂得了什么是青春……”）。虽说这种以暗示形式表现出来的否认当中的确包含了一部分千真万确的事实（毕竟任何一个人只要还存有半点意识，都不能仅凭其表面年龄被定性），但要把他们的记忆视作经验，视作老年人凭借年龄给后辈上的课，还是挺值得商榷的，因为老年人的记忆充斥着对自我的虚构和再创造。我们每个人迟早都会落到对自我的虚构和再创造中，这是谁也避免不了的。

在与年龄的关系中，比起作家或知识分子，职业演员反而一定是更加诚实的，因为他们并不是自己所接受扮演的角色的作者，他们能否扮演这些角色在很大程度上取决于自己的身体外貌和年龄：乍看之下，这个说法显得颇为别扭，但演员真的不可能用话语的外衣掩盖自己。尽管涂脂抹粉和化妆为他们的表演提供了一定的操作余地，我们还是会因为某些伟大的演员能把不同年龄段的人物角色演绎得贴切自然而钦佩他们。那是因为他们在越活越老的同时，还在不断地更新自己。当然，生活中也存在一些偶然性，文学创作和戏剧艺术领域都出现过一些令人惊叹的、轰动的现象级人物，比如法国作家雷蒙·拉迪盖、美国演员詹姆斯·迪恩等。但他们之所以轰动，是因为冷酷无情的死神在他们的花季之年就收走了他们的生命，成就了一段传奇；在那传奇里，借由转喻和隐喻的魔力，法国作家雷蒙·拉迪盖与其创作的作品、美国演员詹姆斯·迪恩与其演绎的人物神奇地融为一体了。可是，这些明星的陨落何其悲哀！生活的偶然和青春的光芒把他们塑造成了那个时代的神话，到头来他们却没有机会像常人那样慢慢走完衰老的过程，反落了个英年早逝的结局。

持续活跃的演员所接下的，通常是与自己年龄相符的角色，因为他不会在自己的生命和职业之间刻意制造矛盾冲突。既然他接的角色是不断更新的，那么他每一次的经历也都是前所未有的：他的体验总是全新的，从不会重复。而作家和知识分子就没有那么容易了，他们要想避免重复自己，就难免要老牛装嫩、造作文字，就像有的老人为了显年轻而使用所谓色泽自然的染料来染发一样。可以定论的是，不管对于演员来说，还是对于作家或知识分子来说，只有坚持求真，才能成就大才。这一点，说到底还是值得欣慰的。

您多大年龄了？

"我成年了，打过疫苗了。"

"您多大年龄了？"这个问题用英语问尤其令人尴尬，因为在英语里这个问句是用助动词"是"来串连的："How old are you?"而回答更是叫人窘迫："I am ...（我是……）"难道"我"之所"是"，真的取决于我的四、五、六十或以上的年龄吗？"我"的存在一定要通过年龄来定义吗？从某种意义上说，是的；而这个"某种意义"，取决于他人、社会及其规则。社会生活在许多方面都规定了年龄限制：几岁算是成年是有规定的；几岁应该退休是有规定的；几岁可以入选法兰西学术院也是有规定的，好像一旦超过了特定年龄就没资格位列先贤了；连不孕不育的夫妻想要接受医疗辅助生育技术的帮助，也得符合精子库的年龄规定。红衣主教过了80岁，就不能再参加秘选会议，失去了选举教皇的权利。总之，年龄作为“我”的存在深处一种最个人化的东西，标志着“我”在岁月中前进的刻度，牵引着“我”一步步走向死亡，走向“我”自己的死亡，然而年龄又一直被记录着、框定着，受到各种规章、规定和规矩的制约：如果说“我”之所“是”取决于“我”的年龄，而且只取决于“我”的年龄，那就意味着“我”在本质上是一种社会文化存在，是由社会集体公认的种种规矩严格规定着的。不过，那些名目繁多的规矩真的和“我”有什么关系吗？“我”真的是在21岁那年“成年”的吗？这种成熟的过程真的是从那之前三年开始的吗？等“我”到了退休的年龄，“我”就不再是“我”了吗？过了65岁、70岁或80岁，“我”就没什么可说的了吗？所有这些由年龄派生出来的问题，无不关乎自由。特别是，随着预期寿命的提高，因为年龄而被排挤到圈外的现象很可能会日益增多。

若任由此类规矩泛滥下去，哪一天会剥夺老年人的选举权呢？

另一方面，可以看到，人的童年也在不断缩水。对于不满十六岁就犯罪的人，真的应该把他看作未成年人吗？还是应该将这视作一场悲剧，反映了堕落的风气越来越广泛地影响着青少年？不过，我们在人生中也确实经常会突破年龄的界限，尽管我们常常事后才意识到这一点，其实年龄的界限常常因人而异或因事而异：有的人可以既是网球“老”手，同时又是“年轻”干部、“年轻”领导。

有一次，我听到一位老太太笑盈盈地跟我说，她“心里还是个小姑娘呢”。我想我明白她的意思。她想说的是，虽然她满脸皱纹，虽然她身疲力衰，但她依然葆有少女般的目光与情感，而这些是不会被岁月改变的。或许正是垂垂老朽的身体与依然青春的心态之间的不协调，导致了身与心的脱节。在许多人看来，这样的身心脱节再自然不过了。所以，很多人都会有意或无意地相信精神是不朽的。

“您多大年龄了？”一段时间以来，我备受这个问题困扰。首先，就向我提出这个问题的人而言，这反映了他们的粗俗，我毫不怀疑有人就是活得这么粗俗。其次，在做出回答之前，我总是需要思考一下。怎么说呢？我当然知道自己的年龄，我当然可以脱口而出，但连我自己都不相信自己已经到了这样一个年龄。还是有必要做两点说明。第一点，如果提这个问题的人是我的老朋友，我就不会因此莫名地发火：我们基本上都是同龄人，他们其实早就知道答案了；我们之间有时候会问这个问题，只不过是为了搞清楚一些细枝末节，搞清楚谁比谁年长几个星期还是几天，目的就是斗个嘴、排个座次，说到底就是找个乐子。我们拿年龄开玩笑，这种自嘲在一定程度上反映了我们的心态：我们已经老了，却常常没有意识到自己已经老了，就好像我们都坐在同一列火车上向着同一个方向飞奔，反而感觉不到自己在运动着。第二点需要说明的是：在告诉别人自己的年龄之前，会感到心烦意乱，这是近来才有的一种情绪。过了35岁之后，奔四这件事一度令我感到焦虑；一旦熬过了这段如同颠簸的涡流般令人不安的时光，我就像重新回到平流层的飞机一样，能够比较坦然地面对自己的年纪。我的父亲是在64岁时去世的，而我就是在自己超过这个年龄之时，开始觉得自己可以“摆脱年龄的束缚”了。也是从那时开始，我可以比较心安理得地说，我不再需要通过年龄界定自己的身份了。法国国家统计与经济研究所细心划分的两种年龄中的任何一种，无论是“名义年龄”也好，“实际年龄”也好，对我来说都不再重要了。

年龄，指一个人从出生起到计算时止，生存的时间长度。

可以依据以下两种定义对年龄进行计算：

——“名义年龄”：宽泛意义上的年龄，即当年达到的年龄；

——“实际年龄”：根据实际生存时间计算的年龄。

普遍采用的年龄是“名义年龄”，它等于当前年份减去出生年份得出的差。

“实际年龄”对应的则是上一个生日时达到的年龄。所以，对于不同的人来说，在计算年龄之时，同一年份计算出的“名义年龄”与“实际年龄”未必相同。

例如，一个人生于1925年10月10日，卒于1999年4月18日。那么，他的“名义年龄”就是1999−1925=74岁；而他的“实际年龄”是1999年4月18日−1925年10月10日=73岁零6个月8天。[1]

法国国家统计与经济研究所在网站上发布的这项说明看上去颇为科学严谨，但其实它反映的不过是人们被问到年龄时所采用的不同策略而已。我爷爷在说起年龄时自有一套，可以算是对研究所的两种计算方

---

1 法国国家统计与经济研究所（INSEE）对年龄的定义。

式的综合。他会以下一年的生日作为基点，再加上一个序数。“我就快81岁了”，他在79岁生日时这样说道。他有两大梦想：一是活得比他的几个嫂子长，二是成为村里最年长的人。这两个梦想他都实现了。不过我总觉得，他表现出的这种对变老的向往，其实是由于他在加速流逝的人生晚年面前，只能用这样一种无奈的幽默做出应对。

就我而言，我觉得自己就像那些非年份的阿马尼亚克老酒一样，是“非年份”的，已经摆脱了年龄的束缚。用来描述阿马尼亚克酒的“非年份”一词并不是对时间之重要性的否定，恰恰相反。一瓶非年份阿马尼亚克酒是由数瓶年份很老的阿马尼亚克陈年酒混合装配而成的。一个“非年份”的人则集合了众多往昔于一身。那些往昔，程度不同地存在于他的记忆中，盘根错节。其中有一些已然非常久远，留下的印象却依然清晰，令他感到人生倏忽恍若闪电；还有一些虽然并不遥远，却已经开始模糊，又让他觉得岁月漫长好似永恒；当然，还有一些过往一直在他记忆边缘的朦胧雾霭中飘浮着，他也说不清它们到底发生于何年何月何日，就像波德莱尔在《恶之花》中慨叹的那样：“我的记忆那么多，多到我都以为自己已经活过了上千年。”[1]

用阿马尼亚克酒打比方确有讨巧之嫌。这仿佛是在暗示时间的混合必定能够结出优秀的果实，而且这样一来又使“非年份”一词像“经验”这个概念一样披上了模糊暧昧的外衣。其实，这里使用“非年份”一词所要表达的意思很简单：无论何时，都有许许多多的时间并存于每个人身上。这一点，尤其当你想要“回眸人生”或做“阶段总结”之时，感受得更为明显：有时，你想要精心梳理一番逝去的年华，厘清人生的指导方针、发展方向，或者至少找到一条曲折的脉络，以便追踪往昔的来路并从中反推出人生的相对自洽性，结果却发现摆在你面前的，是七拼八凑起来而且变幻不定的一团混沌。在那团混沌里，当然有许多事实元素，它们不仅构筑了你的记忆，也造就了你的希望、期冀与失望。而与这些事实元素掺杂在一起的，还有许多记忆的空洞——这些空洞使记忆中的往昔显得奇怪而不真实；还有你对各种外部约束的感受——生活总是备受外部约束的压迫，有时甚至令人怀疑人生到底是不是属于自己的；最后，掺杂在那

1 夏尔·波德莱尔（Charles Baudelaire）：《忧郁之二》（Spleen II）以及《忧郁和理想》（Spleen et Idéal），《恶之花》（Les Fleurs du mal），1857年。

混沌一团里的，还有一种预感——你隐约预感到你的现在不一定能决定你的未来，正如你的某些过往不仅没有决定你的现在，反而早已烟消云散。总而言之，“非年份”这个概念，和“个人简历”或职业规划完全相反；有时候，它就像笼罩在身份上的一片阴云，质问着每个人是否具有作为独特个体的个性。

自传与关于自我的人类学

“你已经过了年龄了！”

从文学上说，书写自传的初衷，与其说是作者受到自恋情结的诱惑而讲述自我，不如说是反映了其想要借助确凿的证言把自己嵌入时代的意愿。这有点像那些到名胜古迹和著名景点猎奇的游客，不好好欣赏风景，却只顾着拍照留影。他们清楚当下的此刻以及此刻的一切终将逝去，清楚自己不可能留住当下此刻，清楚自己随即就要失去当下此刻，所以他们认定最重要的事情，就是要留下当下此刻的一些什么作为预备，等到日后再看之时可以确信自己曾经来过。这与葬礼的作用相反，葬礼通过指向遗忘来获得慰藉，是说服自己接受某个他者已经不在了的事实；而书写自传是为了确信自己到这世上来过一遭。

自传有好几种。有一些多少类似于航海日记，写作过程同步于所叙述的事件。还有一些则更接近于回忆录，其文字可能并不乏身临其境的感觉，但讲述的事件显然已经过去。不同类型的自传在处理年龄问题时，各有不同的角度。

在日记式自传中，作者就像在金字塔或巴黎圣母院前摆拍的游客一样，是在距离事件最近的时刻对自己展开描绘。他们都不会忘记标注好地点和日期。他们都想要确定某年某日曾经这样存在过。不过，相较于拍照留影的游客，自传作者的存在感更胜一筹，他既是自传文本的创作者也是文本所描绘的对象——如果他能平衡对待自己的创作者身份和笔下描绘的自己的真实性，便可能在日后倍感惊喜。他就能像米歇尔·雷里斯在《人的年龄》* 中那样，毫不媚己地将所描绘时刻的细节刻画推向极致，甚至比纯粹的身份照片还要忠实，还要客观。

> 我刚满34岁，人到中年。身材方面，我个头中等，偏矮。我的头发是栗褐色的，剪得很短，以防卷曲，我也担心自己不久后可能会秃顶。

---

* 亦译作《人的时代》。——译者

（……）我喜欢尽可能穿得优雅一些；不过，如我之前所说，我在体型上和经济上存在不足（我虽然不能算穷人，但财力有限），所以一般来说我觉得自己远远谈不上优雅；我讨厌突然看到镜中的自己，因为要是事先没有准备，我总是觉得自己丑陋不堪。[1]

雷里斯虽然将其“自传”命名为“人的年龄”，但他关注的并非年龄，而是时间。他的作品属于时间文学而非年龄文学。瓦尔特·本雅明认为《人的年龄》首先是一种对自我的探究，而非对自己壮年时期的怀念或思索的表达，他的理解是对的。雷里斯说他自己“人到中年”时略有些夸张。他之所以关注自己童年时期的“玄想”和青年时期的神话，是因为他首先想要从中探寻到底是什么关键因素导致犹豫不决成为影响其终生的基调。他执着于描述自己花在生活、梦想或阅读上的时间，就是想要找到一种最佳的方式勾画和表达他在“善”与“恶”、静与动之间的不断摇摆。他就像迷失在布罗塞连德森林里的魔法师梅林，被仙女薇薇安用他自己教给她的魔法囚禁起来了：

1 米歇尔·雷里斯（Michel Leiris）：《人的年龄》（*L'Âge d'homme*），巴黎，伽利马出版社，Folio丛书，1973年。

在思考这个故事的时候，我常常觉得从中依稀可以看到我自己生活的影子：沉沦在悲观之中，以为自己能够从中找到像流星般闪烁一时的生活方式，甚至爱上了自己的绝望，直到有一天，我发现自己已经走不出来了，已经掉进了自己的魔法挖出的陷阱，但一切都太晚了。

按照本雅明的说法，这个陷阱具体来说，指的应该就是精神分析治疗的陷阱，精神分析治疗具有文学上的杀菌消毒效果。本雅明从雷里斯的此番真情讲述中得出了这样一个教训：

如果一个人曾经被要求对自己的心理储备进行如此细致的清点，那么他的确不太可能还对未来的成就抱有希望。[1]

此外，雷里斯接受精神分析治疗的经历可能确实

1 瓦尔特·本雅明（Walter Benjamin）：《书信集，第6卷：1938—1940年》（*Gesammelte Briefe, Band VI: 1938–1940*），柏林，苏尔坎普出版社，2000年。1940年3月23日致马克斯·霍克海默（Max Horkheimer）的信，摘自《乔治·巴塔耶，世界的他者》（George Bataille. D'un monde l'autre），载于《批评》（*Critique*），第788—789期，2013年1月—2月，第106页。

构成了整体人生经验中的一部分，不过他像很多人一样，也是事后才逐渐意识到这一点的。他的研究当然是指向他个人的，但不止于此，还指向存在之问。他作为人类学家的经验，尤其是他关于着魔现象的研究经验，帮助他对存在之问重新作了表述。如今重读他的作品，我们会产生一种印象，就是他的这些文采飞扬的作品与其说属于心理学或精神分析学领域，不如说属于人类学领域，是一种关于自我的人类学。为了向自己证明自己的存在，雷里斯到研究他人的人类学中寻找证明和根据。

在《人的年龄》里，雷里斯非常文学地通过卢克莱丝和茱迪特这两个对立而互补的人物形象，对重复、复现和犹豫等现象进行了阐释。卢克莱丝是古罗马时代遭遇强奸后自杀的贞妇，她的死导致了王权的覆灭；茱迪特则是犹太女英雄，她勾引并斩杀了敌军统帅霍洛弗内斯，致使亚述人大军溃败。雷里斯以此对那个不断戴着各种面具反复出现在笔下的问题——“我是谁？”——做出了间接的回答。与这个问题遥相呼应的，是朱利安·格拉克在《流沙海岸》中借哨兵口令发出的另一个超现实主义质问——“活着的是谁？”与之相呼应的，还有各种驱魔仪式上的厉声喝问；不过问题不再是简单的“我是谁？”，而是变成更高深或更低俗的"我是什么东西？"这声喝问几乎可以令时间停止，所以着魔的人在回过神来以后会完全忘记自己着魔时的事情，也不是没有道理的。

在驱魔仪式上，等待的感觉表达得极其真实：它把当下此刻衬托得如此鲜明立体，令人觉得时间戛然而止。而雷里斯的作品初看之下，丝毫没有这种悬停感，因为它所挖掘的是可能已经被回忆过上千次的童年和青年时期的场景。不过，这两种运动虽然方向相反，但有一个共同点，就是到时间里探索一个奥秘。我是谁？我曾经是谁？谁走了？谁活着？谁在那？谁会来？我是什么东西——是幻象，是回忆，是缺失，还是欲念？这种时间的悬停如此强大，暂时消弭了任何接续或逸出的可能。而对自我的探究通过一系列停止住的画面得以进行，这些画面隐去了与恒常、与既往以及年龄的一切联系：说到底，再没有什么自传比这样构思出来的自传更不像传记的了。

以时间为关注对象的写作所力图重现的，是时间中那些令精神感到满足的特定片段：它关注的并非过去的本来面目，而是由记忆和遗忘精雕细琢出来的结果；它关注的不是童年，而是成年后的烦恼在童年时的预兆；它关注的不是历史，而是极个别似乎影响或裹挟了作者个人经历的时刻；它关注的不是战争，而是像格拉克的《林中阳台》那样，关注战争所带来的体验等待的难得机会。

而在更加侧重于年龄的写作中（比如斯蒂芬·茨威格的《昨日的世界——一个欧洲人的回忆》），历史背景对生活叙事的影响更为直接，时代变迁和人生阶段对个人经历的烘托更为显著。这种以年龄为着眼点的文学对存在之悲剧更为敏感，对失去的乐园更为怀念。当茨威格在1940年写到他在1904年所到过的巴黎时，文字非常令人感动。这种感动是有原因的。首先是因为，1940年，“埃菲尔铁塔顶上飘扬着卐字旗”，而茨威格在流亡巴西数月后自杀身亡了。他的回忆录回顾了他自己认为非常重要的一些事件，就像人们所说的那样，人在临死之际会看到自己生命中的主要事件在眼前飞速闪现。在他记忆中的巴黎，在他年轻时的巴黎，在1904年的巴黎，一切都那么美好：阶级之间的矛盾得到了缓和，种族问题完全不存在，女性获得了自由，所有人都很快乐：“不管是中国人、斯堪的纳维亚人，还是西班牙人、希腊人，抑或是巴西人、加拿大人，大家都觉得在塞纳河的两岸就像在自己的故乡一样自在。”这幅令人陶醉的梦幻巴黎的图景之所以令人感动，有两方面互相矛盾的原因：一方面是因为这幅图景代表着一个失落的梦想，另一方面是因为这幅图景尽管显然极尽美化，但其中依然包含着一部分真实，而在今天正是这真实的一部分令人生出许多惋惜遗憾。人会老，城市也会老。茨威格回想中的1904年的巴黎可能只是一个幻象，但那个催生出这种幻象的巴黎是真实存在过的，我不知道如今的巴黎是否还具备这种诗意的力量。

我自己在回想解放后的巴黎时，也会短暂地体验到同样的幻象。我觉得当时大家都很幸福很愉快。1945年，我才10岁。人们在街上边走边吹口哨（如今还有谁会在街上边走边吹口哨呢？）。我现在脑子里还记得许多那个时代的歌曲。那是一个才艺表演盛行的年代，圣格拉尼耶常常到巴黎各地主持一档名为《在自己的社区里放声歌唱》的节目（“扑通扑通嗒啦啦，我要歌唱我的家”）。在我看来，当时整个社会都普遍沉浸在一片欣喜之中；孩子们常常追着各种肤色的美国兵讨要口香糖和巧克力，而这些解放者也非常慷慨，总是微笑着把糖果发给他们。我确信自己曾亲身经历过这样一幅梦幻巴黎的图景，它正是我对我认为已经彻底过去了的过去所能做出的最美好的描绘：后来在任何一个个人生活与历史进程的交汇点，我都没有再产生过这样的感受。由此可见，我在当时感受到的那种普遍喜悦的美好感觉里有一部分虚幻和主观的成分，这一点不足为奇，但令今天的我真正备感打击的，是我确定那种美好的感觉已经彻底消逝了。茨威格梦到的巴黎是一个闪闪发光的亮点，使其对往昔岁月的描绘充满了深度，更凸显出一种无法突破、无法挽回的厚度；而实际生活中的他却被无法回避的时代真相、惨淡的时局以及他那注定无处申诉的流亡经历紧紧困缚着。1904年一去不复返了。他写“回忆录”的主要目的，并不是探究自我，而是追寻年华的流逝；而在那个悲惨的时代，尤其对于一部分人来说，年华流逝是与历史进程，与那段时而停顿、时而加速、充满戏剧性的历史进程交缠在一起的。

就像茨威格在他最后一本书里总结的那样，他的人生还算是浪漫的。浪漫之中也总归存在着被动消极的一面，比如等待，在不同的情境下可能表现为迷恋、害怕、好奇或希望。面对注定突然来临的年龄，他是被动消极的：

> 岁月就这样在工作、旅行、学习、阅读、收藏和享受中流走。到了1931年的一个早上，我突

然醒悟：我已经年满五十了。[1]

面对成功，他也是被动消极的。看到自己创作的作品影响那么大、受众那么广，他感觉到的是惊讶。还有一种迫切想要知晓后续的心情，这样一种急切既是他的个人因素造成的（这种心情与他的创作相伴而生），也是由外部事件和历史进程诱发的：

> 就这样，在我五十周岁的这一天，我在内心深处只许下这样一个大胆的愿望：但愿能够发生某件事情，让我从这些安全措施和便宜之计中解脱出来，迫使我不只是这样苟活下去，而是重新开始。

茨威格于1941年写下这些文字之时，已经决意自杀。他感到纳闷的是，他何以在几年之前产生了这个想要过一种更加艰难的、不一样的生活的愿望。他已然如愿，但他承认自己的这个愿望从来都不是一种清醒的意志：

---

1 斯蒂芬·茨威格（Stefan Zweig）：《昨日的世界——一个欧洲人的回忆》（*Le Monde d'hier. Souvenirs d'un Européen*），巴黎，口袋书出版社，1996年。

那只是一个转瞬即逝的念头，像微风一样不时来撩拨我一下。它可能根本不是我自己的想法，而是从我不知道的深处冒出来的一个想法。

有人不禁揣度，茨威格既然提及这一“转瞬即逝的念头”，这本身就具有某种回顾的性质，就反映了某种历史的命定，而它所体现的先兆性，其实是茨威格认识到个人际遇与时代历史之间缔结的那种悲剧性联系是无法打破的，从而产生的一种觉悟。

当然，从概念上来说，回忆录的写作与其记录的事件从来都不是同步的，回忆录的这种回顾性视角限制了讲述岁月、年龄……以及未来的方式。不过，既有作家选择写作回忆录，也有作家选择记日记；既有人坦诚地表露为自己书写自传的意愿，也有人坚持拒绝任何刻意谈论自己生平的意图。

在讲述战争前夕及战争期间故事的《岁月的力量》中，西蒙娜·德·波伏瓦采用了她从萨特那里学到的记录事件与感想的笔记法，将日记与回忆录这两种记录时间的模式结合了起来。自1939年9月（其时已经宣战，萨特应征入伍），她曾连续几个月写日记，还把部分日记文字用到了自己的作品里（“有一天早上，事情发生了。从那时起，陷入孤独和焦虑的我开始记日记……”)。所以这本书在整体上呈现出两种节奏：一种是作为背景的战争的节奏，在该书于1960年出版之时，她和读者一样，已经清楚地知道了战争的可怕后果；但更重要的是前台上的另一种节奏，即个人在日常生活中所经历的历史，依然保留着些许岁月静好。总的来说，波伏瓦的这部作品书写的是时间，而不是年龄（时代）。其悬停在于两个层面。其中之一当然是这场战争的结果，不过她在巨大的空虚中度过的这场战争就像一出戏。在这出戏中她遇到了许多角色，其中有一些角色（比如劳特曼、卡瓦耶斯、尼赞、德斯诺斯……）突然就消失了，被抓到了另一个不属于她的故事中。但更为重要的层面在于她自己将何去何从。这可能是因为她和她在那些年遇到的雷里斯一样，和萨特一样，虽身处战争年代，却没有受到冒险的诱惑，也没有产生死亡的想法（至少表面如此）；尽管如此，他们还是纠结于自己内心的波澜（我要书写什么？我要成为什么？）。

在任何作家的笔下，时间和年龄都会不同程度地发生扭曲：连那些在写或写过日记的作家有时也会感觉到需要和自己惯常记录岁月流连的方式拉开距离，才能展开总结和反思。比如，在思考自己已经过了某个年龄或自己已经老了的时候，有人会坦然接受，有人会感到焦虑；只有做到使自己对时间的体验与这种思考“匹配”，人才会感到快乐。而作家就要对这种快乐的感觉进行反思和总结。谈到这一点，我们不由得联想到克洛德·莫里亚克，他的《静止的时间》收录了他数十年的日记。或者，我们又会再次想到西蒙娜·德·波伏瓦。她在《岁月的力量》的序言中把自己的年龄（时年50岁）明确地告诉了大家。她这么做的目的，一方面是证明她在《一个规矩女孩的回忆》中所写的确实是她自己人生的头二十年，另一方面则是说明这本新著可以算是那部旧作的续篇，虽然她起初并未这么想过。她说，写作《一个规矩女孩的回忆》，是为了复活自己的青春期，不然它就永远消逝了：

> 我从未忘记青春期的我向那个即将把我的身体和灵魂吸收殆尽的女人所做的呼唤。青春期的我就快要消失得无影无踪了，消失得连一点灰都不剩了。我恳求她有朝一日把我从她使我陷入的这片虚无中拉拽出来。所以我写这些书，可能就是为了让自己能够满足这个曾经的请求。[1]

1 西蒙娜·德·波伏瓦（Simone de Beauvoir）：《岁月的力量》（*La Force de l'âge*），“序言”，巴黎，伽利马出版社，Folio丛书，1986年。

她还补充说，写作《岁月的力量》，是为了给这段寻根溯源的历史赋予意义：

> 如果我不想要讲述我是如何产生当作家的志向的，就没有必要讲这段历史了。

与在雷里斯的作品中一样，对时间的观察首先是一种探究自我的工具，而谈及年龄只是为观察自我设置的坐标。1939年11月4日，西蒙娜·德·波伏瓦在日记中用坚定、清醒和自觉的语句向自己发问：

> 我感到我正在变成一种非常确定的东西：我快要满32岁了，我觉得自己已经是一个成熟的女人了，我还是想搞清楚我到底是一个什么样的成熟女人。

回忆录也好，日记也好，讲述他者人生故事的作品总能吸引大量读者的关注。究其缘由，大概就在于此类作品充满了这种双重节奏，或者说双重言语，同时可能也在于它们的行文表述暗示着人生的两面性。我们每个人对人生的两面性都有自己的体悟，所以当我们再从他人的文字中读出这种两面性时，就会产生一种认同感。这种认同有两层意思：首先，我们从这些作品中找到了自己，或者至少可以说我们从中看到了，在对时间的理解上，某位作者抱有和我们一样的矛盾心理；然后，我们就会为此对这位作者心存感激。那么什么是双重言语？其实，我们每个人都有一种内心的声音，时不时会流露出来，表现为喃喃低语、咕哝牢骚、拟声学舌、面部抽动等形式，偶尔（当"我们自言自语"时）也会表现为清晰的话语。这种内心的声音时刻都在对我们的日常行为发表评论，都在质问我们，有时还会说粗话评判我们（比如"我真是蠢！"）。简而言之，这种内心的声音就是我们那"不受年龄约束"的意识借助语言的流露，是一种终身如影随形的、正常的自我反省，它使我们能够与自己保持一定距离，并为我们维持着一种跳脱自身命运、变故或年龄去看待问题的悬浮视角。比如，每当我略带遗憾地对自己说："嗨，老伙计，你已经不年轻了……"的时候，我其实是跳脱我的身份来看待我的，我把我摆到了一边，仿佛我是这个与我保持着一些距离但仍停留在我的视线之内的人物的创造者。我们都具有这样一种一分为二的意识，这或许就能解释为什么我们对小说文学中那种惯用手法（小说的作者无所不知，总能洞悉其创作的所有人物的主观世界）并不感到意外，反而热衷于到小说讲述的故事中探寻某种与自己生活隐约相似的痕迹。

每次重新阅读西蒙娜·德·波伏瓦以及与之相关的萨特和雷里斯，我都不禁联想到巴黎的一个我曾经住过很久的街区以及影响了我人生的一段过往，尽管在这几位作家的盛年，我还只是个小孩。后来，我有幸与他们打过几次照面，不过我对他们的印象主要还是通过阅读他们的作品获得的，这样得来的印象可能不够准确，却是至为深刻的。对我来说，这种印象几乎可以算是一种真正的记忆了。不过要想说清楚到底什么才算是我真正的记忆，话可就长了。它是一个复杂的集合，里面既装着我在不同时期常去的一些地方，也装着我关于20世纪40年代生活的一些异常清晰的细节，还装着我在25岁那年阅读《岁月的力量》时从中汲取的力量。从某种意义上说，我真正的记忆所讲述的就是我，但它只说给我一个人听。而且请注意，它只是在“说”。我无法把它说的话书写成文字，因为它说给我听的话语并不属于任何语言，根本没有明晰的句法。或许它就是一种如诗一般的直觉，擅于在看似毫无联系、彼此距离遥远的元素之间突然建立某种关联。只不过，这首诗永远写不出来，也读不出来。只有我一个人能听到它，但我也无法把它吟诵出来。其实，我们每个人都装满了这样的诗篇。它们都是用时间谱就，经得起年华的流逝。

这里所说的时间是作为素材的时间，是我们可以随心所欲地加以塑造，加以组合和重新组合的时间，是我们可以为了快乐而与之玩耍的时间。老年朋友们在聚会上交流各自记忆时都明白，往昔岁月的味道永远也不可能找回，他们也明白其实这样才好，因为往昔岁月本来就是平淡乏味的。但他们能够从这种交流中找到某种乐趣，从而暂时忘却自己正在渐渐老去，暂时忘却时间正在渐渐流走：

> "那是我们顶好的时辰！"弗雷德里说。
>
> "是的，也许是吧。那是我们顶好的时辰！"戴洛里耶说。[1]

大家应该都记得，他们在这里所谈论的，其实是他们年轻时到诺让镇那家土耳其女人的妓院里进行的那次可悲的探险。《情感教育》以这样的对话收尾，直截了当地交代了这两位好友的幻想的破灭。他们一个曾经幻想权力，另一个曾经幻想爱情。但这个

---

1 居斯塔夫·福楼拜（Gustave Flaubert）:《情感教育》（*L'Éducation sentimentale*），巴黎，伽利马出版社，Folio丛书，2005年。

结尾大概还隐含着这样一层意思，就是两个幻灭的人重新相聚，找到了彼此。所谓“情感教育”，首先指的不就是这种学会遗忘的体验吗？这种体验或许是自私的，但能让人找到自己。它是一种对时间的体验，不可混同于对年龄的体验。但它与幻灭中的共谋感是兼容的，这种共谋感使它呈现出“重逢”的色彩，预示着一段关系获得了重生。这谈不上光荣，也算不上真正绝望。看似以失败告终，但可能开启了另一段故事。

雷里斯和波伏瓦距离我们不远。卢梭及其《孤独漫步者的遐想》距离我们也并不遥远。写作自传或回忆录，类似于在时间的废墟上进行一场筛选，是一个删减和挑选的过程。这就意味着任何创作的背后都暗藏着遗忘的成分，或者说至少暗藏着一种与时间的关系，这种关系取消了记忆与遗忘之间的一切区别。它就像一场重新发现，也像一场成功的仪式，宣告着一次重新开始。这种针对正在发生和流走的生活、针对年龄进行的写作大概就起到了这样一种仪式的作用，只要能够让参与者或见证者产生它重新开启了时间的感觉，就可以算是成功的。

我为什么不能到这亲爱的岛上去度过我的余

年，永远不再离开，永远也不再看到任何大陆上的居民！看到他们就会想起他们多年来兴高采烈地加之于我的种种灾难。(……) 摆脱了纷繁的社会生活所形成的种种尘世的情欲，我的灵魂就经常神游于这一氛围之上，提前跟天使们亲切交谈，并希望不久就将进入这一行列。我知道，人们将竭力避免把这样一处甘美的退隐之所交还给我，他们早就不愿让我待在那里。但是他们阻止不了我每天振想象之翼飞到那里，一连几个小时重尝我住在那里时的喜悦。我还可以做一件更美妙的事，就是我可以尽情想象。假如我设想我现在就在岛上，我不是同样可以遐想吗？我甚至还可以更进一步，在抽象的、单调的遐想的魅力之外，再添上一些可爱的形象，使得这一遐想更为生动活泼。在我心醉神迷时这些形象所代表的究竟是什么，连我的感官也时常不甚清楚；现在遐想越来越深入，它们也就被勾画得越来越清晰了。跟我当年真的在那里时相比，我现在时常是更融洽地生活在这些形象之中，心情也更加舒畅。不幸的是，随着想象力的衰退，这些形象也越来越难以映上脑际，而且也不能长时间地停留。唉！正是在一个人开始摆脱他的躯壳时，他的视线被他的躯壳阻挡得最厉害！[1]

卢梭于1776年在巴黎开始写作他的《孤独漫步者的遐想》，直到1778年在埃尔默农维尔去世。上面这段话是其中“漫步之五”的末段，浓缩着作者在写作时如泉喷涌的思绪，概述了他的种种精神活动和灵魂冲动：首先，回想起圣比尔岛以及在岛上度过的遐想时光，他为不能回到那里而感到惋惜遗憾；几乎与此同时，他醒悟到，通过想象那片湖水的潮涨潮落，还是能身临其境地沉浸到这种遐想中去；随即，他又发现，他在写作此书时的遐想比十年之前更加完整，因为除了那种令他“心醉神迷”的存在与逃逸的交织感之外，又添上了有关接待他的小岛及主人们的一些“可爱的形象”；最后，他还提及自己身体渐渐衰老限制和削弱了他的想象力和记忆力。

虽然在最后提到了衰老对自己的影响（不过他是用一种轻松的语气提及这一点的），虽然受过的伤害痕迹犹在，《孤独漫步者的遐想》的作者在这里还是表现得异常平和。这是一种狂风暴雨过后的平静，是经历过大风大浪的人在晚年的平和，可能还包含着一种历尽磨

1　让-雅克·卢梭（Jean-Jacques Rousseau）：《孤独漫步者的遐想》（*Les Reveries du promeneur solitaire*），“漫步之五”，1776—1778年。

难终有所成的感觉。两个年龄的坐标（一个是他回忆了“多年以来”受到种种迫害，另一个是他清楚自己快要“摆脱他的躯壳”）囊括着他对人生中一段时间的追思和联想。那是一段非线性的时间，后来可以比从前更丰富、更清晰；那是他的余年，需要直面时间的流逝；当然，那也是一段可以用来创造快乐和幸福的时间。

卢梭用那段时间来写作。因为写作是他用时间与年龄（寿命）竞争的工具。大家都说《孤独漫步者的遐想》是一部未竟之作，死亡的降临使它无法完成。但永远无法完成恰是一切伟大作品的宿命：它本来就是为那些能够与它产生共鸣的读者而写的，所以只要有这类读者存在，因作者寿终导致的作品未能完成的问题就会变得越来越无关紧要。随着时间的推移，一代代读者在阅读过程中，自会不断对作品展开思考并加以丰富。这样一来，作品便不再属于作者一人了，作者终将失去对作品的所有权。甚至可以说，连作者本身也终将不再属于他自己——而这，恰恰是一位作家所能怀有的最朴素而又最宏大的梦想，恰恰是他所能坚持的最理智而又最疯狂的幻想，那就是：无视年龄，任由时间去创造。

写作，的确是一点点走近死亡；但在写作中走向死亡，就不会那么孤独了。

年级

“我是55年的兵。”

空间不只可以帮助我们表现时间，还可以帮助我们把握、整理乃至停住时间，帮助我们感受时间。你几岁了？在你听懂这个问题张嘴作答之时，你就已经又老了几秒钟；相反，如果你掏出身份证来，你的出生日期就印在上面呢：多么稳定，多么可靠。在法国，从满15岁起，孩子就不能附列在父母的护照上，就必须申领属于自己的护照；换言之，他就享有了与自己的出生日期相关的权利。在法国还有义务兵役的年代，每个士兵都属于某个“年级”。这个年级的名称，就是该士兵的出生年份加上20，并保留得数的后两位。在20世纪，46年的兵就是出生于1926年的，09年的兵就是出生于1889年的。在新兵体格检查委员会开展体检的那一天，会把当地所有在当年刚满20岁，还算不上成年人的小伙子召集到一个规定的场所，也就是市政厅。他们必须脱个精光。总之，就像第二次出生一样。说出自己是哪一年的兵，根本不需要进行任何计算；与年龄不同，行伍的年级是不会随着年月更迭而发生改变的。它是一项恒定的身份要素，也标志着你与某个群体的联系、你对这个群体的归属。我在乡下常常听到男人们在提到另一个人时说“他是我同年的兵”，就像说“他是我亲戚”那样自然。

与大学里的年级不同，军队中的年级牵涉的是一国领土范围内所有的同龄人。义务兵役制实现了年轻人的流动；对于许多人来说，服义务兵役甚至是他们走出家乡的唯一机会。新兵体格检查委员会作为每年征兵的官方机构，负责把邻近的年轻人召集在一起。所以，入伍的年份既是对个体身份的认同，也是对集体身份（关系的集合）的认同，而这两种身份都受到时间和空间的限定。

在法国，军中年级的历史并不长，仅仅始于第二帝国时期；而在取消义务兵役制后，军中年级就失去了象征意义。但其内在逻辑与非洲的年龄级组是一致的（况且非洲的年龄级组也具有军事功能）。这个概念的基础，是把时间设想为一种循环往复。由计算和命名方法使然，同名的年级每一百年就会再度出现。那么，随着人类寿命的延长，不久之后，我们会不会看到一些120岁的老爷子羞答答地和一批20岁的小伙子站到一起的场面，只因为他们所属的军中年级有着同样的名称？在非洲的某些年龄级别制度中，就出现过这种特殊情况，当然老少之间的年龄差并没有这么大。

以前，科特迪瓦东部的阿提耶人过着母系社会的生活，社会分成三个大的年龄级，每个年龄级又分成五个年龄组。儿子们所属的年龄级将要接替父亲们所属的年龄级。两兄弟可以同属一个年龄级，但不可以同属一个年龄组。自古以来，这样的社会组织方式都表现为对村子的空间分配。村子的空间也被划分成三个部分：下村、中村和上村。父亲们（即掌权的一代人）占据着中村，儿子们住在下村，而介于两者之间的那代人居于上村。丹妮丝·保尔姆对阿提耶人的传统生活轨迹做过如下描述：

> 儿子在父亲家出生，成人后就要离开父亲的庭院。他的生活依循着那条与前辈完全相同的轨迹前进，先在下村生活，再到上村生活，然后再到中村生活；最后他会在与他小时候住过的屋子相邻的另一间住所里死去，因为儿子与父亲并不

属于同一个族谱。[1]

所以，年龄级别的循环组织表现为村子空间的循环流转。丹妮丝·保尔姆进一步指出，当新的年龄级形成之时，属于另一个同名年龄级的老人就可以和该年龄级的孩子们一起参加相同的历练，因为那时他就和他们平级了。这种做法象征着年龄级别循环在这个遗传表征表达着代际之间实质连续性的世界里形成了环路。

正式归属于某一个年龄级别，就意味着归属于某一个明确的空间。这一点在作为特定空间政治管理工具的年龄级别系统中非常明显，尽管这还需要与内部空间流动性原则相结合，阿提耶人的社会就属于这种情况。这一点在个体层面同样明显：生命的不同阶段常常对应着一连串不同的地方或场所；而职业和分工的概念也包含了一种为时间视角赋序的地理维度。作家让·吉罗杜曾经对其笔下那位满心希望“一级级爬到”巴黎去而从外省出走的收税员的经历大加赞美。而在那里，许多人却在为自己的“晚年”问题感到纠

1 丹妮丝·保尔姆（Denise Paulme）（主编）：《西非的年龄级别与年龄群落》（*Classes et associations d'âge en Afrique de l'Ouest*），巴黎，普隆出版社，1971年。

结，他们有时会想象自己将在乡间或“有医疗条件的”老年公寓度过晚年；很少有人在老之将至时不为最后的岁月规划一个地理范围。在我家族的布列塔尼分支中，有很多人回到家族发源地的那个村子，“度过最后的时日”；到了末了的末了，家族墓地已经没有空余的位置接纳他们了，他们的家人就会把他们安葬在尽可能靠近家族墓地的地方。家族发源地的那个村子并不是他们所有人的出生地（这些布列塔尼人有的是军人，有的是公务员，他们参加殖民“冒险”，走遍了全世界），但在他们晚年与阿提耶人相似的人生逻辑中，这个村子构成了一个坐标和参照点。

埃皮纳勒版画

“他有五十多了。”

“人生诸阶”是民间版画的一个构图主题，它并不指涉任何具体个人的具体经验。人的心头总会不时浮现出某段青春记忆，那记忆极其顽强，但细节已然模糊。不过，与这类从前由画师创作、常常挂在厨房墙上的版画对人生各阶段的阐释不同，人的记忆从来都不是按照它们所描绘的顺序展开的。这类版画作品以每十年岁月为一级台阶，渐次呈现了一个人从出生上坡迈向壮年而后下坡走向衰老的过程，描画出一条精练的曲线，每个人似乎都能在其中找准自己的位置。但每个人在回忆自己的人生时，脑海里浮现的绝不是这样一条连贯的曲线。

这些版画作品颇具历史学研究价值：它们充满了

各自时代的特征。从其中的许多作品都可以看出，对于男性来说，50岁被描绘成事业发展到巅峰、功成名就的年龄，而同样的年龄对于女性、妻子来说，则到了专心当好和蔼可亲的老祖母的岁数。“人生诸阶”版画毫无疑问是具有时代性的。

同时，这些版画作品均以某种家庭模式为载体，宣扬家庭的永恒价值。那是一种简化的、基础的家庭模式，简单明了地象征着一对夫妻及他们的孩子。在这里，孩子只是一个用来标记岁月流逝的普通标志。

此类版画，我幼时或后来曾在乡下的某栋房子里见过几次。今天再见到它们，心中暗生感慨：在这些物件流行之日，我从未正视过它们，而如今它们已经风光不再了。

不过，细细端详之下，这些纯朴的画作既像一块映照现实的屏幕，又似一道遮掩现实的屏障。“人生诸阶”版画中描绘的那对市民夫妻的刻板形象所映照或遮掩的现实，就是人生是一套律动着的齿轮系统：每一代人都在把上一代人推下舞台。这或许就是相连的两代人之间总是关系紧张的原因之一吧，这种代际关系紧张普遍存在于许多社会（人类学家常常提及这种现象），尤其存在于那些没有把死亡的概念与复始的概念联系起来的社会，生命之轮为所有人旋转，但只为每个人转动一次。不过，悖谬的是，尽管孙辈的诞生进一步确认了自己正在老去这一事实，但因感觉到被子辈推向死亡而催生的这种剑拔弩张的紧张关系并不会指向孙辈。仿佛一想到儿女行将像自己一样承受父母辈与子女辈这种相连两代人之间固有的紧张压力，就能令正在老去的祖父母感到宽慰，并令他们在心里对自己的孙辈生出些许感激。

我爷爷总把他所有的孙子孙女都叫作“小复仇者”。他当然是在开玩笑，但他的儿子儿媳们都消受不了他的这个玩笑。

到底是父母爱子女更多，还是祖父母爱孙子孙女更多？这个问题并不重要。一般来说，父母和子女、祖父母和孙子孙女之间都是相亲相爱的。不过，爱是一种复杂的感情，它并不排斥怨恨，也不排斥嫉妒，也不排斥占有欲；同样，爱还不排斥权力欲或经济利益。所以，相连的两代人因为彼此直接纠葛在一起，所以这种关系的紧张就表现得比关系较远且较无利益纠缠的隔代人之间更加强烈。另外，众所周知，由于俄狄浦斯情结的存在，母女之间或父子之间的关系常常陷入既相爱又仇视的状态。

雷里斯在小时候看过一幅表现人生各年龄阶段的

版画。不过，若他的记忆还算可靠的话，那幅画是一个特别的版本，印在一本埃皮纳勒出版的画册的纸板书壳的书脊上。在那幅画中，每个年龄段都被赋予了一种颜色：黄色、灰色、红色、绿色、蓝色……而整本画册的名字就是“人生的色彩”。他尤其记得其中有一种“混色”，是多种色彩掺杂在一起，让人联想到蒙昧的幼年阶段，那个阶段就像神话里混沌初开的时代，一切尚不分明；他还记得有一种“熟栗色”，用来描绘两个扭打在一起的醉汉的形象。他从这段模模糊糊的记忆中提炼出来的道理也是含糊不清的。他不乏幽默地打趣说，他已经体验了“其中的许多颜色，并且早在40岁之前就体验过这‘熟栗色’了”。人总要领受人生中的各种色彩，这大概便是雷里斯从这段不太确定的记忆中收获的道理：

> 人生的黄色——或者说肝病的颜色——一直都在觊觎着我；大概在一年多前，我总想着通过自杀来躲避人生的黑色。[1]

说到底，他真正在意的并非年岁的增长，而是那

---

1 米歇尔·雷里斯：《人的年龄》。

样一种命定的感觉：

> 世事就这样来来往往：我一直被羁困在人生年岁的框框中，被囚禁在它们那个四四方方的盒子里，（至少从我自己的意志来说）越来越没有希望摆脱它们的束缚。

人就这样反反复复地在“我是谁？”和“我是什么？”之间摇摆。

从报刊媒体上刊登的各类个人启事中，可以读到现代人的人生诸阶百态。其中包括了生死、婚嫁等类目。每一位被提及姓名的个人都仅与其中一个类目相关。个人启事一般排在小广告版面的一个格子里。不同年龄的报刊读者对不同类目的启事感兴趣。从这个意义来说，个人启事绝对构成了一个年龄的王国。而且这个王国不是每个人都能进入的。因为刊发此类启事是要付费的。只有少数特权者能享受到报刊主动为其刊发启事的待遇。据说全国性日报都常备有一些高龄知名人士的资料，因为他们迟早有一天要登上它们的讣告栏。两个日期加一段人物介绍，或许再加上几句赞美，就总结了一个人的一生。在这个年龄的王国里，几乎每一天都会刊登新的缅怀，取代掉之前一天的悼念。人性虚荣的最后荣光就此概括在这样几个头衔、几项荣誉和几句赞美之中，可能还会招致一些尚在人世等候封神的老对手们的不满和嫉妒。

当然，人生诸阶这个话题还会启发出一些别的思考。人生的各年龄段如同四季更替。而这一表述便颇令人玩味。“年龄段”就意味着应该把衰老视作一个无法避免的必经阶段，四季之喻则令人浮想联翩：毕竟，冬去春又回。所以，其寓意无非以下两种：它要么像多神论异教所描述的那样，直指人生的一部分在消逝后还会再回来；要么象征着新的世代总会接替旧的世代——我们平日里谈到这一话题时常常不假思索地迎合后一种说法，但它与前一种说法其实是相得益彰的。由此可见，使用“年龄段”这种复数的表达形式与使用“年龄”一词的单数形式形成了鲜明的反差：前者充满了乐观的色彩，后者却令人联想到命中注定，令人感到无可奈何。我们说世代如同四季般更替，言下之意就是在说各个世代都具有同属于人类的共性，就是在肯定只要不局限于家族传宗接代这个狭隘的范畴，人文的传承就能够超越一切生物遗传的指标。归根究底，在单数的“年龄”与复数的“年龄段”之间，既存在绝对的差异，又存在内在的互补。所以，我们在提及人生的各年龄段时，就可以摆脱年龄增长所规定的顺序，或借助预期去展望未来，或通过回忆来重塑过去，任由我们的想象在时间中嬉戏。

显年龄

“我觉得他不超过四十岁。”

正如人们所说的那样，现成的说法和固有的表述已经把这个问题说得相当透彻了。透彻得如同头脑简单之人的言之凿凿或老奸巨猾之徒的信誓旦旦。“你不显年龄”：人们不时听到的这个否定句所表达的其实是一种肯定；人们认定这句话会令对方感到高兴。而这个说法的肯定形式“显年龄”最常用于第三人称，往往是对话双方在背后议论某个不在场的第三人，而且说这话时必得使用一种略带同情的语调：“他（她）挺显年龄的”；再直接一点的，还会说：“他（她）好显老呀”。这个说法里用的是动词faire*，这个“做”在

* 本义为“做”。“做自己的年龄”即“显年龄”，“不做自己的年龄”即“不显年龄”。——译者

这里其实是反向用法。“做自己的年龄”的人，其实是在承受年龄对自己的所做，是在消极地忍受岁月的作用，他们的体貌直白地诉说着岁月的重压，丝毫不加掩饰，甚至还有些迫不及待。“做自己的年龄”的人其实是在听任自己“被年龄做”。“做自己的年龄”，就是听凭年龄主宰自己。所以这个“做”是被动的、消极的。有的人则相反，他们大多拥有积极、健康的生活方式，体力充沛，能够延缓或减少年龄的作用。比如为了不显老，我会去锻炼身体。我会想办法减掉大肚腩，会节食、洗海水浴；会用面霜和粉底化化妆，让自己看起来更年轻，比自己的实际年龄更年轻。

在prendre de l'âge（长岁数）这个短语中，动词prendre*的意思，和它在prendre le large（启航）、prendre courage（鼓起勇气）或prendre son destin en main（掌握自己的命运）等短语中的意思都不一样。这里反而比较接近它在prendre froid（着凉）或prendre peur（害怕）中的意思。（法语的）这两大表示动作行为的动词faire和prendre都充满了矛盾，只要搭配的宾语发生变化，语义就会在主动和被动之间摇摆游走。这样一种被动与主动变换的现象，在由另一

---

* 本义为“拿”或“取”。——译者

些动词构成的另一些表达方式中体现得更为直观。比如，说某人年龄越来越大，会说on avance en âge（某人在年龄上前进了），和on avance vers quelqu'un（某人朝着某某走过去）中使用的是同一个动词avancer*；可是到头来，在表示“高龄”这个意思时，我们说的又是un âge avancé（向前进了的年龄），也就是说“向前进了”的是年龄本身，就像我们在评价别人的私家车时会说“您的车很先进”。所以，要是我们在说某人“年届高龄”时同时联想起这个动词的两个喻义的话，脑海里简直会浮现出一场撞车的画面。

“你觉得他有几岁？”（Combien tu lui donnes?）“50岁？还是55岁？”在这里，动词donner**的语义发生了神奇的变化，由表示给予转变成表示估量。每当我们不由自主地对自己的对话者做出下意识评判（这种评判不一定是不怀好意的），经常会用到这个表达方式。而反过来说，我们都很清楚自己总是暴露于他人的目光之下。“你会给他几岁？”可是，要是因为碰巧或者因为评判者不怀好意而导致评判结果过高，评判对象如果知情的话，可不一定会喜欢评判者的这项给予。他会希望别人在估计他的年龄时不要太过慷

---

* avancer有“前进”“先进”等含义。——译者

** donner本义为“给”。——译者

慨："我给他不超过50岁，我给不出他的年龄。"这可能才是一个正在走向老年的人乐意听到的。不过，没有人会去问他的感想啦。这项赠予是不容商量的。它就是对自然和时间所塑造的现实的一种反响，是一份可赖以对所指涉对象的体貌进行解读的佐证。这份佐证仿佛古希腊悲剧演出幕间穿插的抒情插曲，烘托出一个无可救药的事实。它所给予对方的，其实就是它从对方那里窃取的：对方的形象。这样一种虚假的交换，如果是应对方主动要求而发生的，就尤为残酷。"你会给我几岁？"有些人对自身样貌过于自信，以为别人都会被自己惊艳到或吸引到，所以总喜欢大言不惭地向别人提出这样的问题。而对方如果回答正确的话，对其而言就不啻一记响亮的耳光。因为这不仅意味着他/她"很显老"，年龄一大把了，而且还不自知。

这并不是在玩文字游戏。或者更确切地说，其实是语言文字在玩弄我们，而不是我们在玩弄语言文字。语言文字把我们囚禁在一个类似于to be or not to be的二元系统中，令我们没完没了地在真实和表象之间、自然和做作之间、素颜和化妆之间、真相和谎言之间摇摆，简直要让人觉得年龄这个问题是永无定论的。

语言的用法很微妙；它们表达着我们的犹疑、我们的幻想和我们的焦虑。想一想我们早已习惯承受、早已无条件接受了的：“逞英雄”和“有智慧”之间的差异何其细微，又何其巨大；究根问底，人类社会的许多重大道德抉择都是由这种两难处境造成的，所以要想在语言和文字中找到它的踪影也不是没有可能的。而且，随着语言的发展，我们的词汇也在发生变化，许多话语渐渐老去、过时；我们甚至可以根据一个人使用的话语来判断他的年龄。在这方面，可以说是各有各招，但许多招数往往是令双方两败俱伤的，因为年轻人有年轻人的说话方式，正如年轻人有年轻人的穿衣方式。我们在说话，话也在说着我们；即便是谎话，尤其是谎话，都是如此。话语是会“显年龄”的，大概就是因为这样，在谈及时间的时候，我们的语言总是如此矛盾。

当然，最容易老化过时的话语，恰是那些关于时间的语汇。passe-temps*就是第一个跟不上时代脚步的词：现如今，还有谁会说上网只是一种消磨时间？jeux de patience**还有未来吗？还有谁在说到青少年

---

* 直译为“消磨时间”，指消遣。——译者

** 直译为“需要耐心的游戏”，指“七巧板”之类的拼板游戏。——译者

时会用âge bête*这种表达方式？谁还敢按照巴尔扎克的隐喻使用“30岁的女人”这个说法？我敢打赌，我小时候通用的一些语汇也长久不了：要不了多久，法语就不会再用casser sa pipe或bouffer les pissenlits par la racine**来形容死亡了；而禁烟的法令、火葬以及落叶剂等新事物必将在我们的语汇中占有一席之地。现如今，有谁不想跑在时代的前列？耐心和长久还值得提倡吗？现代生活的经验已然葬送了许多古老的谚语，比如这一句：“只要善于等待，好运自然会来。”

当我们说到或想到某些词语、某些表达或某些说法“上了年头”时，就意味着使用这些表述的人在表达或企盼一种语言的、社会的和历史的“时光倒流”（这又是一个人们不再使用的表达）。无论如何，在时代、时髦以及世俗的嘲笑等因素的作用下，使用这类有时代距离感的语言总会令人觉得是在对所谓的当代语言发出挑战。于是，上了年纪的人要想不被人看成老古董或老顽固，就有必要改造自己的语汇，一方面当然要用当下流行的技术带来的各种新词丰富自己的

* 直译为“蠢笨的年龄段”，指12岁至16岁的青春期初期。——译者

** 前者直译为“折断烟斗”，后者直译为“吃蒲公英的根”，均指死亡。——译者

话语，另一方面还要把那些老掉牙的过时词汇或过气说法从自己的话语中剔除出去。不过，对于许多上了年纪的人来说，这样做也并不费劲，他们有的对此甚至充满热情、乐此不疲。究其缘由，还是祖孙关系起到了不可忽视的作用。

事物的年龄与他者的年龄

“马尔罗的作品太老了。
——“纪德的才老呢！”

有时我们会有一种感觉，觉得年龄是外来的，是外在于我们的，事物未征求我们的意见就发生了改变，变得叫我们认不出来了。我们有时会说出或听到别人说这样的话：“这本书老了。”更有甚者：“它老掉牙了。”在生活中，这样的说法并不鲜见；我们在说出这话时，俨然化身成刚正不阿、铁面无私的判官，对作品和作者做出评断。但稍加思索，我们就会察觉到这种说法并不合理。因为书籍的文本并未发生更改，电影的画面也没有发生变化。从这个角度来说，电影无情地佐证了我们记忆的偏差。我非常喜欢老电影，尤其是美国老电影；利用身为巴黎人的便利，我把一些电影看过了无数遍。顺便说一句，在影院观影与看DVD碟片或在电视上看电影是完全不同的体验：这种体验是难以复制的，因为在电影院里观影从来不会孤单，即使在工作日去拉丁区那些门可罗雀的电影院也是如此。所以说，去影院观影，我们欣赏的不只是电影本身，还有那里近乎永恒不变的氛围感和仪式感。好吧，记忆这种奇幻体验的玄妙之处亦在于此：与真实的经历相比，无论你所回想的事情多么新多么近，你的记忆总会给它增添或删减一些东西。一有机会放任自己，记忆就会抓住时机对细节进行修枝裁叶或添枝加叶——尽管它所做的篡改常常微乎其微，但足以说明真正发生改变的，真正变老了的，其实并非电影，而是我们自己。所以说，电影胶片无可辩驳地证明了人的记忆具有极其惊人的遗忘能力和变造能力。

不过，如果把生活中各种事物显见的老化都归咎于记忆和遗忘的变幻，不免过于武断了。生活中的事物主要有三类：景物、作品和具有生命的存在体（更确切地说是具有肉身的存在体）。这些事物孕育了各种关系，将我们与某些地点、某些书籍、某些亲人朋友或某些动物联系起来。

我们和景物的关系大概是无法与我们和生命体的

关系相提并论的，因为后者存在交互性。为了描述出人们印象中亘古不变的大自然，拉马丁只好采用拟人手法：

> 噢，默然不语的湖水和岩石！幽暗静谧的山洞与森林！
>
> 美丽的大自然，只有您不受时间左右，总能重焕青春。
>
> 请您留住这个夜晚，至少留住对它的回忆吧！[1]

维克多·雨果在《奥林匹欧的悲哀》中却有意回避了这一点。他从景物变化中看到的是往昔岁月一去不复返："我们用荆草枝条编织的爱巢皆已改变了模样"。应该说，景物其实从来都不是纯天然的，它们的改变往往是人的行为导致的。你之所以再也找不回记忆中的那片风景，要么是因为你再也没有回到那片风景，所以它在你眼中变得陌生了（所以其实是关系发生了改变）；要么是那片风景确确实实发生了变化（人们在那里进行了建设，砍伐了树林，修建了公路），也就是说他人介入了你与那片风景的关系。所以从某种

---

1 阿尔封斯·德·拉马丁（Alphonse de Lamartine）：《沉思集》（*Méditations poétiques*），《湖》，1820年。

意义来说，这的确算得上对你个人私密领域的干预，这或许能解释有些人何以如此激烈地抗议可能破坏景观的建设项目：与其说是担心生态受到破坏，不如说是更在意自己的私人生活遭到侵犯吧。

还有一种情况是，那片景物虽未遭受任何外部干预的影响，但仿佛随着时光逝去发生了退化。普鲁斯特在回到伊利耶镇时，觉得那里的一切都变小了，连那条河都变小了。不过，不要忘记，在小孩子眼中，不论是人物还是景物，一切的确都要显得更大一些（所以才会把成年人叫作“大人”）。我常常觉得，影院观影效果之奥妙，就在于影片中的人物在银幕上都显得尤为高大，甫一出现便唤醒了我们的童年视角：在孩子眼中，成年人的世界里到处都是身高两倍于自己的巨人。

况且，当我们把某些变化归因于时间，也不一定都是说这些变化意味着走下坡路。比如，当我们说某本书或某部影片“老了”，言下之意其实是在说我们自己的变化。不过请注意，我们对这本书或这部电影的记忆，始于它与我们的关系，所以我们必须承认，发生变化的可能并非作品本身或我们自己，而是这种关系。而且这种关系的变化也不一定是指丧失了意义或价值，反而可能是变得更加丰富，获得了更加新鲜的活力。我想以塞古尔伯爵夫人和大仲马这两位杰出作家为例来做个说明。

我母亲在幼年时读过一套烫金切口《玫瑰文集》收录的塞古尔伯爵夫人的作品，后来她将其中《苏菲的烦恼》《驴子的回忆》以及《小淑女》和《假期》等主要作品摆到了我的卧室里。所以从六岁起，我就开始大量阅读这位本姓罗斯托普钦的伯爵夫人的小说。我必须承认，自那以后，再没有任何作品能在我心中唤醒类似的感动，激发如此丰富的想象。如果我告诉你们，有很长一段时间（俗话说就是"像永远那么远"）我再也没有碰过塞古尔伯爵夫人的书，而且后来我甚至有些责怪我母亲把这样一种充满阶级性的文学作品交到我手里，你们应该不会觉得难以理解。毕竟，她的作品虽然充满善良的人类情感（比如她说应该对诚实的穷人施行慈善），但同时也充斥着至为反动的政治立场（比如她在《雨过天晴》中将进军罗马的加里波第斥为"贼寇"），还浑然不觉地流露出一种自发的种族倾向（还是在《雨过天晴》中，黑人拉莫对主人"雅克先生"表现出忠犬般的忠诚，并追随他加入宗座侍卫队，保护教皇和梵蒂冈），以及一种不受节制的性虐取向（比如在《苏菲的烦恼》和《杜拉金将军》中，还有在《一个善良的小魔鬼》中，经常出现用鞭子抽打光屁股的场景）。尽管如此，塞古尔伯爵夫人在唤醒幼儿的情感体验、激发他们的想象力等方面确实颇有才华。显而易见，如果非要今天的我把这些书再读一遍，我一定会把它们摔到地上。何况这样做并无意义：每当我想要回想近期阅读的东西，我的记忆力总是表现欠佳，但在回忆幼年最初读过的这些文字时，记忆力却堪称优秀。至今我仍能回想起读到书中那些打屁股的场景时，我内心涌起的那一丝隐隐的不安。还有，有很长一段时间，每当我在夜幕降临之际开车行驶在法国省道上，接近十字路口之时，我都会四下张望，看看旁边会不会突然冒出一座热情好客的客栈的影子，因为《守护天使的客栈》中的两名孤儿就是在那样一家客栈里找到了庇护。这样一种模糊不清却又挥之不去的印象一直蛰伏在我心里。有时，当我突然看到一片日暮黄昏的风景，这种印象就会悄悄浮上心头，让我产生一种似曾相识的未竟之觉。

我与塞古尔伯爵夫人作品之间的关系就是这样既收缩又膨胀。它已经收缩蜕变为一种朦朦胧胧的、微乎其微的印象，但依然不离不弃地萦绕着我，无论我身处何地，只要机缘合适，它就会像一种未能得到满足的欲望，不经意间浮现出来。

对我而言，作家大仲马则是一座永不枯竭的宝藏。每隔十到十五年，我都要把他的《三个火枪手》《二十年后》《布拉热洛纳子爵》以及《基度山伯爵》重读一遍。确切地说，这些作品都是以年龄为主题，以时间为素材的。尽管已经几度重读，但它们渐次发展的情节依然令我兴趣盎然，而且我对充盈其中的活力的感受更甚从前。当然，随着岁月流逝，我的确能够更好地体会到弥漫在《三个火枪手》续篇《二十年后》当中的那一丝隐约的惆怅：四位好友都过上了各自的生活，而且因为年龄增长以及由此带来的责任的牵绊，彼此的联系也在不知不觉中淡漠下来。诚然，这部宏大的续篇讴歌了几位主人公的忠诚，而大仲马通过对波澜壮阔的法国历史的想象和重塑，在这个故事中为他们创造了向彼此重申、考验和证明自己至死不渝的忠诚的机会。但是，在这个故事的另一面，还有一个没有讲述出来的事实，就是在那些没有进行共同冒险的漫长岁月里，他们也承受着年龄增长带来的日益沉重的压力，而如果没有小说家的妙笔生花，他们终将湮没于遗忘。《基度山伯爵》就把这一点挑明了：在完成复仇之时，伯爵终于意识到自己早已不爱梅尔塞苔丝了，她和爱德蒙·唐泰斯一样属于一个已然逝去的往昔；于是他用一种礼貌到残忍的态度让她也感觉到了这一点。在这个故事的结尾，我们分明看到遗忘与复仇的欲望展开了一场赛跑。在《二十年后》和《布拉热洛纳子爵》中，这种遗忘的威胁虽不那么直白，却也弥散于字里行间，叫人感伤。当然，这样的感悟并不是为了我而存在的，也不是我凭空捏造出来的；我经过了二十到四十年的等待，才得以从《二十年后》中找到这些新的共鸣。我们必须学会怎样去阅读和重读一本书；因为我们与某个文本的关系是有生命的。如果一本书总是有值得读者期待的东西，读者总能从中有所发现，如果一本书能够这样向读者展现自己的生命力，让他感受到自己与它命运相连，感受到他们彼此之间“生死不分离”，这本书就不会老去。

忘龄乐老

再次见到某张“久”未谋面的面孔，我们常会猛然惊觉自己也老了。所以人过了一定的岁数，就一定不能和自己注定相见的人分离太久，否则他们就会利用分离的间隙悄悄地变老，然后像一面不知趣的镜子一样突然冒出来，映照出我们自己衰老的面容。有时，更经常见面的亲友之间还会互相求证：“那谁这段时间可真是老了好多……”，但心里仍然无法接受这个事实，甚至生出一丝对那人的嗔怪，还会揣测他是不是病了；反正对他的变老必得找一个合理的解释。不过，接下来，随着那人回归我们的生活圈（而且他还是健健康康的），我们就会谅解他，不会再纠结于他的变老，而是重新接纳他，心中也就释然了。

相比之下，人们与自己的身体、与自我的关系也并不简单。并不是每个人每天都有机会照镜子。就算与镜子不期而遇，人们往往也只是不经意地、漠然地瞥上一眼就赶紧躲开，逃避与镜中的自己直接对视。当然，也有的时候，人们会在镜前逗留一阵。可能是为了对自己的容貌做一点修饰（就像以前人们常说的那样“打扮一下自己”），比如简单地整理一下头发，打领带的男士稍微调整一下领结，化了妆的女士稍稍修补一下妆容；也可能就是默默无言地注视着镜中的自己，陷入沉思。在这种情况下，我们面对的就是我们自己的身体。我们的身体以其外表构成了一种景观，所以我们喜欢翻看假期里拍摄的照片，喜欢回顾自己在一片片或熟悉或陌生的风景里摆出的各种“造型”……；身体也是一件我们需要为之负责的作品，正如画家要为自己的画作负责，不时对它做些修饰；同时，身体又是一种独立的存在，它有它自己的体验，然而它的体验恰好也是我们的体验。在此前提下，我们与自己的关系不断地发生裂解，一分为二，同时在语言上催生出许多相关的表达，例如：我的身体和自我（身体既会欺骗自我，也向自我提供满足感）、我的意识和自我（既包括上层的自我，即支配和压制着我的超我，也包括下层的自我，即低级本能的自我）、我和自我（我成了他者）；自我看上去总在一成不变地进行着自我重复和自我复制，但它其实千姿百态、变幻莫测，随时可能猛然攥住你不放，也可能突然松开手放开你。

不过，每当我看着镜中的自己，对自己说我已经老了的时候，即便我是用“你”来称呼我在镜中的影子，也会猛然醒悟过来，重新认识到我的身体与我的诸多自我本来就是一体的。有趣的是，这样一回归到镜像阶段，反倒令我摆脱了自省意识的折磨。我正在变老，所以我还活着。我老，故我在。

应该说，人与自己、与自己的身体的关系本来就是一个极其复杂的问题，再加上年龄问题，就变得更加复杂了。

以前在非洲，人们传统上把身体视作一种可以刻写的载体。非洲人从出生开始，身上就会被刻上一些只有内行人士才读得懂的符号，标榜着这个人从前人那里继承下来的元素（也就是说，早在人生的起点，他者和过去就共存在这同一个人身上）。当然，身体上还可能陈列着各种疾病或受伤留下的疤痕，那是这个人因遭受种种外界的攻击遗留下来的印迹；同样，大概也只有精通整套符号密码的相关专业人士才能解读出这些痕迹的来源及其代表的意义。这套符号密码在每一种文化中各有不同，但一定是存在的。这种符号密码有两个共同的特点：一是否定二元论，即全盘模糊身体与精神之间的差异；二是从受害者视角去理解事件，尤其是总要把那些造成身体伤害的事故归咎于一方或另一方的故意。人们在谈及现代特有的各种更加全面的自我认知视角时，常常以此类受害者视角作为重要的对照。

不过，在现代社会，与在非洲的部落社会一样，身体也是受到密切关注的对象。人们以美体、健身和康乐为名追踪着衰老的迹象，一旦发现就力图消弭它。人们同时想要消除的，还有代表着贫穷的各种迹象：由此可见，在发达国家，肥胖已经越来越被视为智力低下、财力贫弱的一种常见表现。然而，尽管男男女女费尽心机地花大把时间去跑步、跳绳、锻炼身体，同时小心翼翼地控制饮食，但到头来，泄露他们年龄的还是他们的身体。于是，人要想“留住青春”，就要教会自己的身体去掩盖、去撒谎。向谁撒谎呢？向他人，也向自己。正所谓自欺欺人。就好像这副身体不是自己的，就好像自己是这副身体的外人。但阅历丰富的人一眼便能识破哪些状似紧致的肌肤、貌似平滑的脖颈或看似茂密的头发其实出自人为的矫饰。何况，我们与衰老的战斗是在身体内部进行的；就像滑铁卢之后拿破仑治下法国的宣传一样，我们总是从胜利走向胜利，直到迎来最终的失败。终有一刻，一切面具都会掉落，真实的年龄会淋漓尽致地暴露出来，或早或迟，因人而异，但谁也逃脱不了。而且，早在这最终的衰老到来之前，男人已然渐渐丧失了男性的阳刚，女人已然渐渐丧失了女性的阴柔，或者至少可以说他们丧失了各自最显著的性别特征中相当大的一部分；人们常常很早就感觉到自己开始变老了，而最终衰老所导致的身体垮掉，只是这段漫长的历史进程的结果。我们的身体通过外部表象及其内在失能，“泄露”着我们年龄的秘密。而我们心知这溃败无可挽回，便觉得自己成为自己身体的牺牲品，拒绝接受自己的存在和自己的身份将随着这副脆弱的皮囊一同走向消亡。那种“受害者”意识便在心里幽然升起，并将怨气的矛头指向各自遭遇的病魔（比如得了肿瘤、癌症等），或者指向在背后操纵着这些疾病的无形的命运（于是把活到高龄视为一种不幸）。在这个问题上，我有几点心得想要分享。我们各自承受的体质衰退程度不一，这在某种意义上佐证了我们每个人的自我；身体的衰退令我们身心都遭受痛苦，这没有什么好解释的，因为这反映的就是自然规律的无情。正如谁都无法回到过去，谁都要经历身体的衰退。不过，这世上还有一些人早早就经历了这种衰退，甚至有人在幼时便遭遇了这一切。如果能认识到这一点，那些自觉受到病痛之躯囚禁和羞辱而无法释怀的人的怨艾应该就能稍稍得到缓解。应该让那些心怀忿怨的成年人了解一下到底有多少儿童和少年经年累月地奔波于各家医院：这样他们就会明白，不管他们面临着什么，他们已然逃过了最悲惨的不幸。换用一种在我们这个时代依然通行的受害者道德话语来说，他们已然逃脱了最大的不公正。

认识到他者存在，认识到他者不仅仅是作为潜在加害者而存在的事实，能够帮助我们更加有效地认识自我。因为只要不关乎我们自己，对于他人的身体及其制造的种种迹象（比如微笑或哭泣，以及激动、害怕等千变万化的表情），我们总能毫无压力地做出充分的判断；所以临了，我们也能够确定这个他人的身体不再有生命的迹象，能够确定曾经存在的不复存在了，能够确定这个曾经生气勃勃的他人已经不在了。

那种唆使我们把自我区别于自己身体的幻想，唆使我们去质问、责怪或讨好自己身体的幻想，不断地在我们眼前破灭。每当某个他人死去，这个人就从我们的生活中骤然而彻底地消失了。在如此显著的事实面前，自省意识要弄的那些花招，还有那种认为自己能够脱离自身躯体而独立存在的幻想，统统不攻自破：

当一个人死了，在其死前和死后之间就划出了一道不可逾越的鸿沟。一个人离开了世人的视线，离开了自己的身体，就什么都没有了，就什么都不复有了。为了欺骗自己相信死后还有些什么，人类编造出了种种话语，为首的便是“死”这个字本身。这些话语纵然承载着诸般恐惧或希望，却无法遮掩人死之后的那片虚无。

有人说，对老年人来说，最残酷的伤痛是孤独。事实上，随着时光流逝，将我们与此岸连结在一起的缆绳也渐渐松弛，及至逐一散开。譬如许多人一心向往的退休就会突然拉开我们与原本熟悉的日常之间的距离，而这种距离感可能令我们感到困扰，因为它在一定程度上与死亡颇为相似。人们在庆祝退休的仪式上发表的致辞、送上的鲜花以及由衷的感动有时也难免令人联想到葬礼。

老年孤独问题之所以难解，不仅在于它是老年人无法摆脱的一种个人感受，同时也在于它是他者造就的事实：有人背叛你，有人抛弃你，有人远离你，有人疾病缠身，还有人与世长辞。人越是老，就越不可能不经历亲朋好友的纷纷离去或逝去。

最糟糕的是我们会渐渐习以为常。或者说我们会表现得习以为常。我们不愿意说这种我们明知谁也逃脱不了的命运多么可怖，大概并不是因为我们冷漠无情，而是因为我们有自知之明吧。与此同时，还有一些老人对身边发生的一切，对身边的其他人，甚至对自己的至亲，也会变得越来越漠不关心，就像雷欧·费亥在歌里唱的那样："我觉得我很独，其实我很苦……"

有一种孤独是不得不承受的孤独，那是同龄伙伴的离去和周遭的目光造成的孤独；还有一种孤独是自己求来的孤独，那是老人对外界的一种防御反应，或者说是老人对外界的一种挑战。莫非孤独就是人在衰老之时必须付出的代价？

也不尽然。无论我们"显"或"不显"年龄，我们都"有"自己的年龄，这是当然的；我们拥有年龄，但是年龄掌控着我们。虽然如此，但拥有自己的年龄，就意味着自己活着，年龄的征象也是生命的征象。在那些高度关注自己身体的人列出的诸般理由背后，我们可以发现的不只是他们热衷于作俏，还有一种充分享受生活的愿望。西塞罗就常常劝导大家要充分享受生活。对于许多人来说，在他们"在职"期间，囿于种种约束，充分享受生活是一种不可企及的奢望。所以在有些人眼里，退休确实意味着解放和重生，意味着终于可以从容不迫地生活——一种悠然自在的生活，不必计算时间，也不再在乎年龄。

这从一方面来说是一个运气问题：比起其他人，有一些人会更少或更晚受到各种老年疾病的困扰。这样一来，他们自然就拥有了猫一般的智慧，只向自己的身体索取其能够供给的。他们极其明智，对自己身体的能力有着清醒的认知，懂得爱惜身体。所以他们总被人当作榜样，用以反驳各种宣扬“人老了都很可悲”的悲观论调。还有一些老人的耐性好到令人惊诧，他们仿佛直到生命最后一刻还在等待享受人生的时机。用一句经典的废话便可概括他们的人生：“死前五分钟，废话先生还活着。”真是太有道理了。

怀念过去

"我们的爱情还剩下什么？那美好的日子还剩下什么？"

——特勒奈

怀念有两种：一种指向我们在过去的真实经历，另一种指向我们在过去面临的其他可能。第一种怀念使用的是条件式现在时（如"我好想回到那美好的岁月"），第二种使用的是条件式过去时（如"要是当初我再勇敢一些，我就成功了"）。第一种怀念得以获得滋养存续下来，依靠的是我们或靠谱或不靠谱的记忆力，但它终归无法突破不可逆转的时间横在它面前的铜墙铁壁。而第二种怀念不只是想要回到过去，更想要改变历史（"要是当初我听了父母的话……/要是当初我没有轻信……/要是当初我走了……/要是当初我留下来了……，我的人生就会不同"）。它连接的是不曾真实存在于过去的情境，换言之，从当下的角度来看，它连接的是一种双重的不真实，因为它在由惋惜遗憾转变为怨艾责备的过程中，指向的并不是曾经存在但不复再来的真实的过去，而是一种或可实现但从未实现的过去的可能性。

我们在回想那些本来可以避免但使自己生活道路发生了转折的事件（与某人的相遇、冲动之下某些行为、种种偶然）之时，常常会产生这种与事实对称而相反的想法："要是那天我晚到五分钟/要是当时我没有推迟我外出度假的行程，我的人生就不会遇到这番波折。"

人对过去的怀念充斥着不诚实：为了突破时间的屏障，怀念必须对过去进行无情的筛选。它拥有一件极其有效的秘密法宝，就是遗忘。它挥动这把利刃对厚厚的回忆进行层层雕琢，创作出一段段不曾存在的过去。比如我们打心底里清楚自己的豆蔻年华其实并非如天堂般美妙，我们也明明知道这种愿望完全不切实际，但还是会希望自己能够带着今天的失落、期盼和想象返回那段时光。我们所怀念的其实从来不曾存在，它的存在完全是我们现在的心理投射和我们当下欲望的投射营造出来的。归根结蒂，两种怀念殊途同归。而第二种怀念虽然一定会令我们感到难过，但至少可以算得上是清醒的；之所以说它清醒，并不在于它为我们的过去设想了另外的可能性，而是在于它认识到是我们自己的缺失和不足造就了我们真实经历的过去。

这两种怀念所言说的，其实都是人的当下，都是人为了取悦自己而和时间做的游戏。而人对过去的怀念之所以总那么朦胧暧昧，就是因为它虽然可能表达了人的某些悔憾，但也常使人真切地体验到一种快感，大约类似于作家在借助自己的回忆和想象来塑造笔下人物的过往经历时所体验到的那种快感。对于自己的过去，每个人都是创作者和艺术家，都懂得如何不断调整角度去看待和重塑逝去的岁月。而这也反映出某些老话俗语充满偏颇谬误：其实，人到老年并不一定会比年轻时懂得更多，但会明白自己年轻时的一些犹豫怯弱并非因为年少无知。许多老人都承认，自己其实早在年轻时就已知道，但只是不够勇敢。而这就构成了第二种怀念的根基。有一些曾经流行一时的老歌，我们可能本来并没有觉得它们的旋律有多么美妙，但每当在露天咖啡馆或地铁车厢里听到流浪歌手扯着嗓子演唱它们时，都会情不自禁地跟着哼唱起来。这并不完全是因为它们令我们回想起了过去，而更多地在于它们令我们感觉到我们的某个部分仍然活着——我们心中那些已然熄灭的激情欲望仍然活着，只需要几个音符，它们就能在一瞬之间重新燃起：和当年一样让人捉摸不定，一样叫人心神不宁，似乎什么都没有改变。

这样一种清醒的幻觉，这样一种令心灵愉悦的暧昧，并不局限于爱情等情感记忆。它能瞬间令我们从心底里明白自己缺失了什么。就老年人来说，他们即便意识到自身的缺失，也不可能像年轻时那样用这种意识指导自己对未来的梦想或计划（当然也难免有一些人年少时过分老成，老来反而略显张狂），但这种意识与年轻时是别无二致的。能够意识到自身的不足，其实是幸运且有益的。只有这样，我们才能保持创造力，保持对其他事物或其他地方的向往；而这向往里交织着过去与未来，是生命的重要标志，它意味着往昔的岁月能够像老歌一样去而复来，意味着我们可以忘却自己的年龄。

怀念拥有强大的力量，所以有时会变得非常危险。它可能滋养出最为疯狂、最为反动的激情。比如今天还有一些年轻人常常“怀念”德意志第三帝国，他们对德意志第三帝国的印象显然来自他人的灌输。自己没有亲身经历过的过去是最容易被利用和改编的。一般来说，政治怀旧既不同于对过去的真实经历的怀念，也不同于对过去的其他可能的怀念，而属于第三种类型。这类谋图政治复辟的反动分子，其实都是在为幻想战斗的空想家，因为他们所怀念的美好过去与激进分子宣扬的未来的乌托邦同样虚无缥缈。而且他们比后者更加虚伪，因为他们妄图以一种不真实的、不可告人的过去为基础，建立新的秩序。更宽泛地说，政治领域隐约存在着一种复辟过去的诉求，它操纵或试图操纵人们对过去的时代、过去的伟大成就和伟大人物的想象，诱使人们相信要让这一切“再”来是有可能的：玄机就在于这个“再”字，它把今天编造的虚言当作昨天的事实，暗示它所宣扬的一切是一段真实存在的历史，我们要做的只是将这段历史找寻回来。某些历史上的日子由此成为神话，这些神话的效力因政治敏感度差异而各有不同，但总的来说它们的感召力都超越了它们的实际内容。比如1936年、1945年、1968年5月……

这几个日子对我来说都不陌生：和大家一样，提到1936年，我就会联想到那些记录了世界上第一批享受带薪休假的人的影像画面；1945年，我亲身经历了法国解放和二战胜利的喜悦；和许多人一样，我的生活在1968年之后也发生了变化。不过，如果我们真的执着于真实的历史，就应当承认，在以上每一个日子，真实的历史一定比它们所关联的这些画面复杂得多；而且随着人们对它们的反复使用乃至滥用，它们的感召力，尤其是对青少年的感召力也在日渐衰退。

人们在谈及过去对个体生活的影响时，常常冠以不同的名目。“怀念过去”是一种。“坚守常规”也是一种。坚守常规，其实就是坚守一种不会出意外的习惯，是一种不需要思考的延续，是一种盲目的忠诚，一种惰性。而怀念过去是对坚守常规的破坏，因为怀念过去就意味着向本来明明运行得顺顺利利的常规中再一次注入另一种可能性，从而可能使常规受到考验。

与另一个人相遇——相爱、热恋——其实为一个人提供了集中体味自身孤独和周遭“沙漠”的机会：这便是日本作家村上春树在小说《国境以南，太阳以西》中诠释的主题，令人忧伤到几近绝望。岛本是男主人公青梅竹马的初恋，两人被各自的命运分开。或许是不能，或许是不敢，反正男主人公没有尝试去改变这种命运，但他对她一直魂牵梦萦，于是只能陷在回忆里，回味与这位心灵伴侣亲密相处的情景（两种怀念都在他心中发生作用）。离开几年以后，岛本突然又神秘地出现在他的生活中。一夜幽会之后，他还没来得及了解她目前的境况，她复又消失了。他孤独地回到妻子有纪子身边，才意识到自己从来没有和她真正交流过（“真的，我从来没有问过她什么”）。他从来都没有学到过什么（“我好像又变成了当初那个无力而迷茫的少年”）。但是，为了搞清楚自己到底是什么样的人，他大概尝试过学习从自我中走出来：“今后我应该为别人而不是为自己编织梦想。”

从怀念中走出来，这样才能遇到他者并最终寻回自己。这是一项艰巨的任务，除非像小说中某些篇幅暗示的那样，在鲁莽地令自己的第一种怀念遭受到一次真正回归的考验之后，主人公终于下定决心要改变怀念。想要随意改变怀念大概是很困难的。其实，我们每个人的脑海里都沉淀着一些印象，时不时会莫名其妙地、突然地、随机地冒出来。它们不一定是什么重要事件的余音；我们甚至不清楚它们是何时留在心里的。它们就是存在于我们的心里，仅此而已。它们也并非强迫症的心结，因为它们都很低调：只要我们不愿记起，它们就不会坚持。但它们说不定哪一天又会再次浮现出来，仿佛是要让我们安心：它们一直存在着，而且随时听候我们的调遣。它们可能是我们对某些风景、某些面孔、某条街道、某片海滩……的印象。这些印象都不甚清晰，但对我们很忠诚，有的时候我们能隐隐约约地想起它们出自哪一段经历，但从那段经历中游离留存下来的只有它们；其中有许多印象来自我们已然远去乃至遗忘殆尽的童年。不过，我们也没有必要劳心费力地找算命先生问卦求教，以图探明它们到底意味着什么、它们的背后隐藏着什么。其实只要把它们看成一段不愿消亡的时光留下的痕迹就好：它们是架在逝去的过去与未知的未来之间的桥梁，是备用的、替补的怀念。

人都是夭逝的

我一辈子养过好几只猫，大多是母猫。它们都在绝无仅有的初次体验后就被外科手术剥夺了交媾的乐趣和生产的激动。它们中的每一只，都是同样故事的轮回：从最初几个月的活泼淘气，到成年之后的高傲霸气，接着便是体力渐渐衰弱，最后到了晚年都一样的归于平和的性情。全都逃不脱这样一种生命年华飞速流逝的过程。站在人的角度来看，养宠物很方便，因为它们是可以替代的：在原有的宠物死后，新养的宠物很快就能取代它的位置，使人不必陷于哀伤。而当一个上了年纪的人决定不再用新宠物替代最后一只死去的宠物之时，那大概是因为，这一回，人的生命已然走到了与这只宠物平行的轨迹上。

在最后一只猫或最后一只狗死去后，人不再用新的宠物替代它，这可能是受到客观条件的限制，也可能是出于精神上的疲倦，但无论如何都体现出人的观念发生了改变。在那之前，他看待宠物的生命就像神仙面前的凡夫俗子。人看猫猫狗狗就像荷马的众神看芸芸众生：目光里既充满同情，又略带感伤，因为清楚地知道自己无力改变它（他）们的宿命。可实际上，相对于我们的宠物而言，我们并不是神仙，连半仙都算不上。放弃用新宠物取代最后一只死去的宠物，就是在承认我们自己和我们的宠物一样都是会死的，就是明白了自己其实与它们是相似的。这也是一个机会，使我们可以揣度它们归于平和性情的秘密，思考它们与自然的亲近关系。巴塔耶把这种关系称为“亲密关系”，并宣称它从根本上是与独立个性不相兼容的。事实上，人只有上了岁数，能够真切意识到自己的个性行将消解的时刻正在日益逼近，才能更加敏锐地感受到猫的那种智慧：从猫衰老后的种种表现来看，它似乎早就预见到那件终要到来的事情。

而人类的问题在于，人都是具有独立意识的个体，又都需要他者才能活得圆满。卢梭也得承认，他在比尔湖畔度过的幸福时光不只在于他在那里达到了与周遭自然的完美融合，还要感谢那里的主人们对他友好的款待。友谊、关爱、愁绪都是我们的生命与他者的存在密切相关的标志。年纪的增长使我们得以与更多的他者相逢，建立起更多的人际关系——当然这也意味着我们有时不得不更多地忍受这些人际关系。这是一种随着寿命延长而不断丰富的体验，这一点从当今中老年人惯用的语汇中便可见一斑。

不过，我们对自我的认识常常跟不上节奏：到了弯腰捡拾掉在地上的钥匙也感到困难的时候，我心里的我还是那个做这些动作不费吹灰之力的我。这时如果有人要来帮我，我就会排斥他、拒绝他——当然，随着身体关节日渐僵硬，我的这种排斥和拒绝渐渐变得越来越不强硬了。难道说，为了使身体保持一点点灵活柔韧性而进行健身锻炼，和在火车上心安理得地求助他人帮自己把行李摆到架子上，这两件事情之间真的有多么矛盾吗？年纪的增长，意味着能够体验到新的人际关系。应该要认识到，这其实是一种许多人享受不到的特权。对于一些人来说，这也意味着有机会去体认他们曾经只是想象过的事情，即自己的长辈在这样的年纪到底有什么样的感觉；所以从某种意义上说，年纪的增长也意味着人获得了和自己的长辈团聚的机会，获得了缩小不同辈分之间距离的机会。人老了，大概就会真正明白小时候常听人说的“心有余而力不足”到底是怎么一回事了。衰老，就像异国的风景，是不明就里的人在远处旁观时眼里的别人。衰老这种事，对于自己来说，是不存在的。

高龄老人所沉浸的时光并不是往昔事件有序叠加的总和，而像一部隐迹纸本：书写在上面的一切都消失不见了，而最容易复现的反倒可能是那些最为久远的字迹。遗忘是一种自然筛选的机制，阿尔茨海默病无非是这种自然进程的加速，到头来你会发现，在我们心中留下最深刻、最忠实印象的，常常是幼年的记忆。有人为此欣慰，也有人为此感伤，因为这个现象里包含着一个相当残酷却必须接受的事实：所有的人都是夭逝的。

图书在版编目（CIP）数据

关于自我的人类学：没有年龄的时间 /（法）马克·欧杰著；朱蕾译 .—北京：商务印书馆，2024
ISBN 978-7-100-23604-1

Ⅰ. ①关…　Ⅱ. ①马… ②朱…　Ⅲ. ①人类学—研究　Ⅳ. ① Q98

中国国家版本馆 CIP 数据核字（2024）第 067220 号

关于自我的人类学
——没有年龄的时间
〔法〕马克·欧杰　著
朱蕾　译
全志钢　校

商　务　印　书　馆　出　版
（北京王府井大街 36 号　邮政编码 100710）
商　务　印　书　馆　发　行
北京盛通印刷股份有限公司印刷
ISBN 978 - 7 - 100 - 23604 - 1

2024 年 6 月第 1 版　　　开本 787 × 1092　1/32
2024 年 6 月北京第 1 次印刷　　　印张 3¼

定价：25.00 元